彩图1 三线闭壳龟

彩图2 黄喉拟水龟

彩图3 安南龟

彩图4 黄缘闭壳龟

彩图5 大东方龟

彩图6 菱斑龟

彩图8　苏卡达陆龟

彩图7　圆澳龟

彩图10　蛇鳄龟

彩图9　乌龟

彩图11　红耳彩龟

现代水产养殖新法丛书

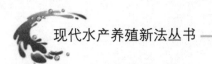

龟类高效养殖模式攻略

周 婷 王冬梅 翟飞飞 编著

XIANDAI SHUICHAN YANGZHI XINFA CONGSHU

中国农业出版社

内容提要

龟类是水产养殖业中的高端水产品，已成为我国淡水养殖业中的后起之秀。本书介绍龟类养殖产业概况、现状等；汇总了各种稚龟、幼龟、成龟的养殖模式，并附以照片实例；最后介绍 11 种常见龟的养殖方法，供广大龟类养殖户参考借鉴。本书也适用于养殖场员工培训、养殖户及对龟类养殖有兴趣的爱好者。

序

　　经过改革开放 30 多年的发展，我国水产养殖业取得了巨大的成就。2013 年，全国水产品总产量 6 172.00 万吨，其中，养殖产量 4 541.68 万吨，占总产量的 73.58%，水产品总产量和养殖产量连续 25 年位居世界首位。2013 年，全国渔业产值10 104.88 亿元，渔业在大农业产值中的份额接近 10%，其中，水产养殖总产值 7 270.04 亿元，占渔业总产值的 71.95%，水产养殖业为主的渔业在农业和农村经济的地位日益突出。我国水产品人均占有量 45.35 千克，水产蛋白消费占我国动物蛋白消费的 1/3，水产养殖已成为我国重要的优质蛋白来源。这一系列成就的取得，与我国水产养殖业发展水平得到显著提高是分不开的。一是养殖空间不断拓展，从传统的池塘养殖、滩涂养殖、近岸养殖，向盐碱水域、工业化养殖和离岸养殖发展，多种养殖方式同步推行；二是养殖设施与装备水平不断提高，工厂化和网箱养殖业持续发展，机械化、信息化和智能化程度明显提高；三是养殖品种结构不断优化，健康生态养殖逐步推进，改变了以鱼类和贝、藻类为主的局面，形成虾、蟹、鳖、海珍品等多样化发展格局，同时，大力推进健康养殖，加强水产品质量安全管理，养殖产品的质量水平明显提高；四是产业化水平不断提高，养殖业的社会化和组织化程度明显增强，已形成集良种培养、苗种繁育、饲料生产、机械配套、标准化养殖、产品加工与运销等一体的产业群，龙头企业不断壮大，多种经济合作组织不断发育和成长；五是建设优势水产品区域布局。由品种结构调整向发展特色产业转变，推动优势产业集群，形成因地制宜、各具特色、优势突出、结构合理的水产养殖发展布局。

当前，我国正处在由传统水产养殖业向现代水产养殖业转变的重要发展机遇期。一是发展现代水产养殖业的条件更加有利。党的十八大以来，全党全社会更加关心和支撑农业和农村发展，不断深化农村改革，完善强农惠农富农政策，"三农"政策环境预期向好。国家加快推进中国特色现代农业建设，必将给现代水产养殖业发展从财力和政策上提供更为有力的支持。二是发展现代水产养殖业的要求更加迫切。"十三五"时期，随着我国全面建设小康社会目标的逐步实现，人民生活水平将从温饱型向小康型转变，食品消费结构将更加优化，对动物蛋白需求逐步增大，对水产品需求将不断增加。但在工业化、城镇化快速推进时期，渔业资源的硬约束将明显加大。因此，迫切需要发展现代水产养殖业来提高生产效率、提升发展质量，"水陆并进"构建我国粮食安全体系。三是发展现代水产养殖业的基础更加坚实。通过改革开放30多年的建设，我国渔业综合生产能力不断增强，良种扩繁体系、技术推广体系、病害防控体系和质量监测体系进一步健全，水产养殖技术总体已经达到世界先进水平，成为世界第一渔业大国和水产品贸易大国。良好的产业积累为加快现代水产养殖业发展提供了更高的起点。四是发展现代水产养殖业的新机遇逐步显现，"四化"同步推进战略的引领推动作用将更加明显。工业化快速发展，信息化水平不断提高，为改造传统水产养殖业提供了现代生产要素和管理手段。城镇化加速推进，农村劳动力大量转移，为水产养殖业实现规模化生产、产业化经营创造了有利时机。生物、信息、新材料、新能源、新装备制造等高新技术广泛应用于渔业领域，将为发展现代水产养殖业提供有力的科技支撑。绿色经济、低碳经济、蓝色农业、休闲农业等新的发展理念将为水产养殖业转型升级、功能拓展提供了更为广阔的空间。

但是，目前我国水产养殖业发展仍面临着各种挑战。一是资源短缺问题。随着工业发展和城市的扩张，很多地方的可养或已养水面被不断蚕食和占用，内陆和浅海滩涂的可养殖水面不断减少，陆基池塘和近岸网箱等主要养殖模式需求的土地（水域）资源日趋紧张，占淡水养殖产量约 1/4 的水库、湖泊养殖，因水源保护和质量安全等原因逐步退出，传统渔业水域养殖空间受到工业与种植业的双重挤压，土地（水域）资源短缺的困境日益加大，北方地区存在水资源短缺问题，南方一些地区还存在水质型缺水问题，使水产养殖规模稳定与发展受到限制。另一方面，水产饲料原料国内供应缺口越来越大。主要饲料蛋白源鱼粉和豆粕 70% 以上依靠进口，50% 以上的氨基酸依靠进口，造成饲料价格节节攀升，成为水产养殖业发展的重要制约因素。二是环境与资源保护问题。水产养殖业发展与资源、环境的矛盾进一步加剧。一方面周边的陆源污染、船舶污染等对养殖水域的污染越来越重，水产养殖成为环境污染的直接受害者。另一方面，养殖自身污染问题在一些地区也比较严重，养殖系统需要大量换水，养殖过程投入的营养物质，大部分的氮磷或以废水和底泥的形式排入自然界，养殖水体利用率低，氮磷排放难以控制。由于环境污染、工程建设及过度捕捞等因素的影响，水生生物资源遭到严重破坏，水生生物赖以栖息的生态环境受到污染，养殖发展空间受限，可利用水域资源日益减少，限制了养殖规模扩大。水产养殖对环境造成的污染日益受到全社会的关注，将成为水产养殖业发展的重要限制因素。三是病害和质量安全问题。长期采用大量消耗资源和关注环境不足的粗放型增长方式，给养殖业的持续健康发展带来了严峻挑战，病害问题成为制约养殖业可持续发展的主要瓶颈。发生病害后，不合理和不规范用药又导致养殖产品药物残留，影响到水产品的质量安全消费和出口贸易，反过来又制约了养殖业的持续发展。随着高密度集约化养殖的兴起，养殖生产追求产量，难以顾及养殖产品的品质，对外源环境污染又难以控制，存在质量安全隐患，制约养殖的进一步发展，挫伤了消费者对养殖产品的消费信心。四是科技支撑问题。水产养殖基础研究滞后，水产养殖生态、生理、品质的理论基础薄弱，人工选育的良种少，专用饲料和渔用药物研发滞后，水产品加工和综合利用等技术尚不成熟和配套，直接影响了水产养殖业的快速发展。水产养殖的设施化和装备程度还处于较低的水平，生产过程依赖经验和劳力，对于质量和效益关键环节的把握度很低，离精准农业及现代农业工业化发展的要求有相当的距离。五是投入与基础设施问题。由于财政支持力度较小，长期以来缺乏投入，养殖业面临基础设施老化失修，养殖系统生态调控、良种繁育、疫病防控、饲料营养、技术推广服务等体系不配套、不完善，影响到水产养殖综合生产能力的增强和养殖效益的提高，也影响到渔民收入的增加和产品竞争力的提升。六是生产方式问题。我国的水产养殖产业，大部分仍采取"一家一户"的传统生产经营方式，存在着过多依赖资源的短期行为。一些规模化、生态化、工程化、机械化的措施和先进的养殖技术得不到快速应用。同时，由于养殖从业人员的素质普遍较低，也影响了先进技术的推广应用，养殖生产基本上还是依靠经验进行。由于养殖户对新技术的接受度差，也侧面地影响了水产养殖科研的积极性。现有的养殖生产方式对养殖业的可持续发展带来较大冲击。

因此，当前必须推进现代水产养殖业建设，坚持生态优先的方针，以建设现代水产养殖业强国为目标，以保障水产品安全有效供给和渔民持续较快增收为首要任务，以加快转变水产养殖业发展方式为主线，大力加强水产养殖业基础设施建设和技术装备升级改造，健全现代水产养殖业产业体系和经营机制，提高水域产出率、资源利用率和劳动生产率，增强水产养殖业综合生产能力、抗风险能力、国际竞争能力、可持续发展能力，形成生态良好、生产发展、装备先进、产品优质、渔民增收、平安和谐的现代水产养殖业发展新格局。为此，经与中国农业出版社林珠英编审共同策划，我们组织专家撰写了《现代水产养殖新法丛书》，包括《大宗淡水鱼高效养殖模式攻略》《河蟹高效养殖模式攻略》《中华鳖高效养殖模式攻略》《罗非鱼高效养殖模式攻略》《青虾高效养殖模式攻略》《南美白对虾高效养殖模式攻略》《淡水小龙虾高效养殖模式攻略》《黄鳝泥鳅生态繁育模式攻略》《龟类高效养殖模式攻略》9种。

本套丛书从高效养殖模式入手，提炼集成了最新的养殖技术，对各品种在全国各地的养殖方式进行了全面总结，既有现代养殖新法的介绍，又有成功养殖经验的展示。在品种选择上，既有青鱼、草鱼、鲤、鲫、鳊等我国当家养殖品种，又有罗非鱼、对虾、河蟹等出口创汇品种，还有青虾、小龙虾、黄鳝、泥鳅、龟鳖等特色养殖品种。在写作方式上，本套丛书也不同于以往的传统书籍，更加强调了技术的新颖性和可操作性，并将现代生态、高效养殖理念贯穿始终。

本套丛书可供从事水产养殖技术人员、管理人员和专业户学习使用，也适合于广大水产科研人员、教学人员阅读、参考。我衷心希望《现代水产养殖新法丛书》的出版，能为引领我国水产养殖模式向生态、高效转型和促进现代水产养殖业发展提供具体指导作用。

中国水产科学研究院淡水渔业研究中心副主任
国家大宗淡水鱼产业技术体系首席科学家

2015 年 3 月

前　言

　　龟类是一群特殊的古老爬行动物，因其憨态可掬的外表，温和畏惧的性情，特别的生活习性吸引了人们的喜爱，人们将龟作为小宠物饲养。20世纪80年代中期，随着饲养鳖类动物的兴衰，龟类动物养殖逐渐进入水产领域。近5年来，房产、股票投资已失去投资优势，买铺开店、开厂、玉器宝石等的投资已成型；部分人资产失去了投资方向，只能闲置在银行中等待贬值。人们观察考察发现养龟可以自养自销，既当老板又当伙计，而且阳台、楼顶和闲置空地均可养龟，省略了租赁场地的麻烦。最重要的是，饲养龟方法操作简单，维护成本低。这些优势吸引了越来越多的闲散资金和投资者涌入龟产业中。目前，龟类动物养殖已形成规模化、产业化，成为我国淡水养殖业中健康、持续发展的一朵奇葩。

　　养殖模式是养殖中关键的一环，决定着养殖结果的成败。自2013年以来，我们通过对广东、广西、海南、浙江等10多个省的幼龟和种龟的养殖模式考察发现，在长期的饲养繁殖中，养殖户不断摸索和实践，一些幼龟饲养模式和种龟养殖模式应运而生，我们将这些养殖模式归纳总结整理成本书。

　　本书介绍龟类养殖产业概况、现状等；汇总了各种龟类幼龟和育种的养殖模式，并附以照片实例；最后介绍 11 种常见龟的养殖方法，供广大龟类养殖户参考借鉴。本书也适用于养殖场员工培训、养殖户及对龟类养殖有兴趣的爱好者。

编著者

2015 年 1 月

目　录

第 一 章
龟类养殖产业概述

第一节　龟类养殖业发展概况

龟类动物养殖业是一个年轻的朝阳产业，兴起于20世纪90年代。龟的食用价值、药用价值、观赏价值、文化价值越来越得到社会的承认，需求量逐年增加，养殖前景广阔，正在成为新的经济增长点。龟肉营养丰富，含有丰富的蛋白质、脂肪、糖类、多种维生素和微量元素等。龟板一直是名贵药材，现代医学研究证明，龟板含骨胶原，其中有多种氨基酸、甾类化合物及钙、磷等，提取物能抑制肿瘤细胞的活性物质S-180、Ec等，对腹水型肝癌有治疗作用。随着人们对龟的营养价值、保健价值和药用价值的认识以及养生治病的需要，龟成为高档水产品，食用龟成为人们追捧的对象之一。近几年，龟的观赏价值凸显，经济效益显著，国内外市场需求大幅度增加，进一步推动了龟养殖业的发展。近20年来，我国龟类养殖业发展迅猛，已经初步形成规模化、产业化，经济效益良好，形成了一项年轻的新兴产业。

回顾我国龟类动物养殖业发展历程，初步归纳为萌芽阶段、初期阶段和发展阶段三个阶段。与中华鳖养殖业相比较，龟养殖业发展较缓慢。

一、萌芽阶段（1980—1989 年）

从典籍记载可知，殷商时期，古人因占卜需短期饲养龟，经挑选后取其龟甲用于占。因此，我国驯养龟类动物从殷商时期已有。各地寺庙里放生池驯养龟的方式，是我国最早人工规模化驯养龟类动物的模式。20世纪80年代以前，我国龟类动物的利用以龟壳（以腹甲为主）入药为主要，除少数人因治病而食用龟外，龟类动物的食用和观赏价值尚未得到关注，市场需求量较少；人们在稻田、田埂、河流等地常能捉到龟，龟的来源以野外捕捉为主。80 年代开始，龟的用途有了进一步扩大，除以前的药用外，食用、观赏和出口出现了一定需求量。80 年代中期，少数科研单位对乌龟、黄喉拟水龟等种类的养殖、生态等方面作了研究。1985 年，湖南省农林厅科教处正式下达"乌龟养殖技术的研究"项目，湖南汉寿特种研究所开展乌龟养殖试验。此阶段人工养殖龟类动物尚未形成气候，无规模化专业养殖龟类动物，仅个别地方以饲养中华鳖或其他水生动物为主而附带少量养龟；养殖种类以乌龟为主，数量较少。

二、初期阶段（1990—2000 年）

20 世纪 90 年代初，中华鳖养殖迅猛发展，部分地区先后建起不同规模养鳖场，龟养殖仍未受到重视，仅江苏宝应、山东、湖南等地饲养少量龟类，龟养殖户屈指可数。因捕捉野生龟现象持续不断，野外龟数量逐年减少，龟壳的收购价格逐年递增，龟价格也随之上扬。随着改革开放和市场经济的发展，使人们生活水平得到了提高，保健意识不断加强，龟成为高档水产品，食用龟成为人们追捧的对象之一，加之国际市场需求增加，导致龟市场需求呈增长趋势，众多投资者进入养龟行业，推动了龟养殖业的发展。90 年代中期，我国掀起了第一次养殖龟类浪潮。养殖种类以红耳彩龟、乌龟为主，极少量养殖黄喉拟水龟、黄缘盒龟。龟类养殖的兴起，标志着我国龟养殖步入多样化发展阶段。此阶段的龟养殖有了一定发展，但仍属于新的养殖业，养殖技术尚不成熟。到 90 年代后期，因 1996 年中华鳖市场萎缩衰退，大多数养鳖场开始转向或兼营养龟；一部分投资者也开始把目光投向了龟，关注龟类养殖业和龟市场行情变化。在湖南、湖北、山东、江苏和浙江等省，规模不一的养龟场如雨后春笋般应运而生，且经济效益良好，龟类养殖业日渐升温。由此，龟类养殖得到了前所未有的发展，养殖龟成为中华鳖市场跌入低谷之后兴起的一项年轻的新兴产业。

三、发展阶段（2001 年至今）

至 2000 年，中华鳖市场仍然不景气，但国产种类乌龟、黄喉拟水龟、黄缘盒龟，外来种类蛇鳄龟和红耳彩龟等种类的养殖却较兴旺。经初步调查，至 2002 年年底，经初步调查，我国年产 10 万～20 万只的龟苗养殖场有 8 家左右，年产 1 万只的龟苗养殖场达 100 余家，年产 100～1 000 只的龟苗养殖场多达上千家。其分布点以湖南、湖北、江西、江苏、浙江、广东、广西居多；安徽、河南、山东、福建和海南次之。从养殖的种类来看，主要以乌龟、黄喉拟龟水、红耳彩龟、蛇鳄龟、中国三线闭壳龟、越南三线闭壳龟、黄缘闭壳龟为主，金头闭壳龟、周氏闭壳龟等一些稀有种类仅有少量饲养。乌龟、红耳彩龟的养殖数量和年繁殖量最多，每年仅乌龟苗繁殖量在 300 万只左右；黄喉拟水龟、蛇鳄龟次之，每年有龟苗 5 万只左右。中国三线闭壳龟和越南三线龟苗仅有 2 000 只左右；黄缘闭壳龟苗 1 000 只不到。

2004 年，由于部分投资者看到养殖龟类经济效益显著而盲目上马，江苏、浙江、海南和广东等地短时间内先后出现了 10 多个占地 800～1 000 亩*的养龟场，养殖数量呈几何级数增长，加之非典等因素直接影响，红耳彩龟、乌龟价格下滑，龟类养殖业出现了大幅度滑坡，使龟类养殖产业步入低谷。尽管乌龟、红耳彩龟市场不如人意，但在广东、广西地区产于越南的黄喉拟水龟、中国三线闭壳龟和越南三线闭壳龟价格节节上扬，深受广东、广西等地养殖户喜爱，龟类养殖又进入一个新的发展阶段，即养殖种类、繁殖种类不断增加，年繁殖量增多，养殖和营销形式也出现了多元化，在浙江等地出现了以饲养、繁殖、加工、销售一条龙合作社形式的产业模式。至 2005 年，全国以广东绿卡、浙江上跃和亿达等、海南泓旺、江苏华鑫、江西金龟王、福建清华园等为代表的工厂化、规模化养龟企业已超过近百家。

2005 年以来，中央电视台 7 套节目《农广天地》专栏多次介绍蛇鳄龟、乌龟等种类的养殖技术，引起了广大水产养殖者和投资者兴趣，龟再次成为淡水水产养殖业的又一主旋律。

2006—2007 年，经过市场的大浪淘沙，红耳彩龟、乌龟，尤其是黄喉拟水龟（越南产）受炒种等因素影响，价格已回落到它本身的正常价格。不难看出，龟养殖正随着市场行情走上正规发展轨道，将向更高的特色化、多元化发展。

2008—2013 年，是龟类发展的兴盛时期。2008 年后，其他淡水养殖种类的利润空间越来越小，人们纷纷把目光转移到利润可观的龟类养殖，特别是繁殖种苗上。养龟业继续快速发展，龟类养殖生产关键技术和主要操作环节已经获得全面突破，养殖生产技术日趋成熟和完善，龟类种类、数量和规模不断得

---

* 亩为非法定计量单位，1 亩＝1/15 公顷。——编者注

到增加和扩大。在全国投资渠道不畅的情况下，投资养龟的保值增值价值凸显，在财富效应示范、市场供求导向和经济利益多轮驱动下，大量的人力物力和财力投向了养龟业，而且投资资金可大可小，养殖场所灵活，投资热情的高涨使得龟苗价格连年上升，加上投机者炒作，龟的价格严重偏离了它的价值，造成2011年龟市场又一次剧烈波动。两广乃至全国龟业市场的剧烈波动，给广大龟业从业者上了一堂惊心动魄、刻骨铭心的市场经济启蒙和知识普及课，让人们看到市场的两重性。

第二节　龟类养殖生产现状与特点

近20多年来，我国龟类养殖业发展迅猛，已逐步成为经济发展、农民致富和庭院经济的一项重要产业。龟产业的发展，不但为我国中药生产和龟类保健品加工提供了原料，还满足了广大消费者对龟保健美食和观赏文化的需求，也为我国农村农民通过养殖龟类动物致富奔小康开辟了新的门路，所以龟产业的可持续健康发展，无论对农村农民增收还是其产业本身，都有很大的现实意义。

一、养殖地域广泛、养殖模式多样

全国养殖面积5万公顷以上，广东、浙江、广西、海南、湖南、山东、江苏、湖北、河南和江西10个省（自治区）是我国龟类养殖户分布较集中的区域，其中，广东、广西、浙江、海南和湖南是龟类动物养殖的重点区域。广东、广西、浙江和江苏等省的养殖户数量多，且养殖户分布较集中，在一定范围内形成了自身的养殖特色。两广家庭式养殖居多，形成了养龟村、镇。广东省养殖面积在500亩以上的养殖户虽不多，但养殖户面积以100~300 米^2 为主，养殖户分布密集，养殖数量多，饲养密度大，形成了多个养龟村或镇，如顺德陈村、大良；电白县沙琅镇；广西则以南宁、钦州为中心，向周围一些县市辐射。浙江省杭州的桐庐、嘉兴的秀城、湖州的东林、金华的义乌、宁波的余姚等已形成了一些养龟重点镇、村，成为浙江乃至全国知名的养殖区。江苏省以吴江八都镇为中心向四周辐射，宝应、泰兴、宿迁等城市也分布一些中、小型养殖户。海南省的龟类养殖仅有7、8家，以大型企业为主，养殖面积通常都在100亩以上，他们的养殖种类多，养殖数量大，真正形成了种类多样化、面积规模化、数量集约化的产业化模式。

龟养殖是一种特色水产养殖，它对养殖条件要求不高，场地可大可小。不仅可以利用大片土地建设养殖场养殖，还可以利用家里房间、露台、阳台、楼顶，农村还可以利用院角及房前屋后闲散地养殖。龟对养殖设施要求也不高，土池、水泥池、养殖箱甚至大盆、大桶、水缸、泡沫箱均可。按规模划分，我国龟养殖有三种模式：一是家庭作坊的庭院式养殖模式；二是池塘小规模养殖模式；三是规模化、产业化的养殖模式，这种产业模式在海南省发展较快，真正形成了种类多样化、面积规模化、数量集约化的产业化模式，这三种模式满足了不同层次的养殖需求。按照养殖场所与设施，可分为池塘养殖、室内养殖、温棚养殖、温室养殖、温箱养殖、庭院养殖和稻田养殖等不同养殖模式。按照养殖对象，可分为单一养殖和混合养殖。

二、南北区域养殖特征明显

当前南育苗北养成的区域特征明显，分工明确。海南、两广因气候因素具有突出的育苗优势，而成为龟苗生产的主要区域。海南优势更为突出，其他省份的龟还处于冬眠，海南的龟已经开始产卵。江苏、浙江、湖南、湖北等地是成体、商品龟生产的主要区域。

三、养殖种类多样，多半能够人工繁殖

经调查，2013 年我国养殖龟类 102 种，由 87 种曲颈龟亚目（Cryptodires）和 15 种侧颈龟亚目（Pleurodires）组成。102 种养殖种类中，外国种类 89 种，中国种类 13 种，其中，中国特有种 6 种，外国种类是中国种类的 6.8 倍。102 种龟类中，水栖龟类 88 种，半水栖龟类 8 种，陆栖龟类 6 种。由此可见，我国龟类的养殖种类以曲颈龟亚目成员水栖龟类中的外国种类为主。102 种龟类中，49 种被列入《濒危野生动植物种国际贸易公约（CITES 公约）》（2013 年），其中附录Ⅰ1 种，附录Ⅱ42 种，附录Ⅲ6 种；《国家重点保护野生动物名录》二级保护动物 1 种；《54 种商业性经营利用驯养繁殖技术成熟的陆生野生动物名录》2 种。根据价值功能，分为食用龟和观赏龟两大类。食用龟主要有乌龟、红耳彩龟、蛇鳄龟、大蛇鳄龟、黄喉拟水龟等 12 种；观赏龟有 50 种。还有一些养殖种类数量少，没有上市。

四、由初级的龟类养殖向完整的产业链方向转变

由传统的出售活体食用龟获取利润的第一产业，转向精深加工和产品开发的第二产业，如龟粉、液、酒、胶囊等营养保健品、速冻包装食品等。

龟的观赏和文化价值的第三产业发展很快，取得了良好的经济效益。龟的观赏价值凸显，养殖户除了开发龟类自身经济价值外，也开始将眼光投向龟类的观赏价值和科普教育价值，海口泓旺农业养殖有限公司除饲养 10 多种经济型龟类外，还饲养观赏型龟类 90 余种，是国内首家以饲养观赏龟类为主的企业。在我国，观赏龟的市场也在不断扩大，随着宏观经济的发展以及人们生活水平的相应提高，观赏龟的需求量不断提升，到全国各地的花鸟鱼宠物市场走一走、看一看，你都会发现，购买观赏龟类已经成为一股不可忽视的新潮。

正在筹建的集养殖、保护、研究、宣传和观赏娱乐功能为一体的龟类动物生态旅游项目已有 5、6 家，其中，江西金龟王实业有限公司的龟类博物馆已初具雏形，并对外开放。李艺金钱龟公司也正在惠州市博罗县建设一个集科研、展览、宣传、旅游为一体的万龟园。

五、规范管理和品牌意识增强

部分企业的规范管理和品牌意识较强，他们意识到规范管理和品牌对企业生命力的重要，有少数企业通过 ISO 9001、ISO 22000、QS 等认证。

第三节　龟类养殖产业存在的问题

随着龟类养殖业的不断发展，养殖面积和生产规模不断扩大，我国龟产业发展迅猛，但可持续性还不够稳定，这给产业的健康发展带来了很大的影响，造成这种局面的主要问题有以下七个方面。

一、规模化养殖种类单一

全世界约有龟类 220 种，我国有 36 种，其中淡水龟类有 26 种，陆栖龟类3 种，海栖龟类 7 种。形成养殖规模的国内种类仅有乌龟、黄喉拟水龟、花

龟；此外，黄缘闭壳龟、三线闭壳龟年繁殖量不超过 10 万只。可见，中国的淡水龟类中的多数种类目前尚未开展人工养殖和人工繁殖。规模化养殖的国外种类有红耳彩龟、黄耳彩龟和蛇鳄龟，除此之外，其他种类年繁殖量不超过 10 万只。

二、种质混乱严重，部分种类出现种质退化现象

无序引种、杂交及留种，是造成种质混乱和种质退化的主要原因。龟类养殖场仅重视产量而忽略了种的质量、种的亲缘、畸形、杂交和抗病等方面的问题，加上大多数从业者缺少专业知识，造成龟类种源混乱、近亲交配，种质资源退化。另外，少数养殖户将各种龟混养，繁育出杂交龟。走访中，我们多次目击到一些龟的畸形、色变、变异等个体。部分养殖户曾反映，商品龟出现生长缓慢、长不大现象（俗称"僵苗"）。种质退化现象以乌龟、黄喉拟水龟、中华花龟和红耳彩龟的发生频率最高，中国三线闭壳龟和越南三线闭壳龟也有少量出现。

三、养殖模式不合理

虽然我国养殖龟的模式很多，但目前应用的大多数养殖模式基本是两个极端。一种是只养几个月就上市的温室快养龟，这种养殖模式的商品龟要占我国商品总量的 55％；另一种就是原始传统的野外池塘要养几年（从苗开始一般养 500 克商品需 3～4 年）才能上市的所谓生态龟，约占商品总量的 25％。而由我国浙江最早实施（1993 年开始推广）的两段法养殖量，只占商品总量的 20％。温室快养模式是用温室养殖 8 个月，巴西彩龟、蛇鳄龟即达到 400 克以上的商品规格，养殖周期非常短，开始时利润显著，因此养殖规模迅速扩大，产量越来越高，然而，用温室直接养成的商品龟的声誉也越来越差，价格也越来越低，效益剧烈下滑。而原始传统的野外池塘养殖，不但要占有大量的土地资源和水资源，又有很大的靠天因素，所以不但养殖周期长，养殖风险也很大，虽然质量好，价格高，经济效益并不是很高。两段法养殖是利用温室加温养龟，目的是为了培育 250 克以上的优质龟种，然而再移到外塘养成商品，这样的养殖周期 2 年左右，产品质量与生态龟几乎没有差别，养殖周期极大地缩短，经济效益最好，值得大力推广。

四、养殖技术相对落后

龟类养殖技术，包括种龟培育、产卵与孵化、种苗培育、成龟养殖、营养与饲料、病害防治等技术。相对于畜禽、鱼虾，龟类的养殖经验不足，科研滞后，无法对龟类养殖进行科学指导，导致龟类养殖技术相对落后。龟是变温动物，其生长速度受制于温度和其他环境因素，加温虽然能打破其自然生活习性，提高生长速度，增加经济效益，但对龟的性腺发育极为不利，培育出来的龟不能作为亲龟使用。大多养龟场采用杂鱼养殖龟类，造成营养结构不合理，导致龟类肝胆病的发生。养殖的水质和密度等没有一个标准，很多龟池的水乌黑恶臭，有些养殖场幼龟的养殖密度过高，不少养殖的龟终年不见阳光，也未见使用紫外灯。龟养殖过程中，疾病一直是制约发展的关键问题之一。我国有关龟疾病防治和防疫的研究较薄弱，尤其是龟类的疾病防治技术尚不成熟。龟患病后，养殖户只能参照鱼类、家禽、畜牧等动物的治疗方法给龟治疗；有关疾病诊断、药物和剂量使用方法掌握不准，引起误诊和药物使用不当，造成动物死亡。部分养殖场缺乏"防重于治"的观念，出现平时不预防、发生疾病时才积极治疗，使动物成活率、商品率下降，造成大小不一的经济损失，养殖利润降低。由于养殖各个技术环节存在诸多问题，龟类死亡、生长迟缓、畸形等现象严重，制约了养殖业的健康发展。

五、产业结构不够合理，产品加工严重滞后

龟的产业链包括科研、养殖、加工和贸易，多年来在这条产业链的结构当中，大多只注重养殖，好像只要养得好就会有人买，所以一直存在严重的产销不平衡，而产销不平衡的结果是大幅度的市场价格动荡。其实龟产业中，养殖只是产业链中的一个环节而已，其他科研、加工在农业产业中的比重日本占46%、美国占38%、挪威占36%，而我国目前的龟加工和研发只有5%，而且都是粗加工（只有真空包装、细粉胶囊等粗加工，还没有成分提炼的精细加工）。目前，在我国市场上龟的加工产品比过去有些增加，但这些加工产品基本仍属于粗加工，还没有提炼龟中有效成分作为治疗药品和保健品的精细加工。众所周知，产业的经济发展主要是靠提升附加值的加工业发展，否则就很难进行有效的提升。

六、龟类的科研相当滞后，不能满足产业发展的需要

龟类的基础理论体系不完善，仅有一些零碎的有关某些龟的生态习性、养殖方法、养殖模式、病害防治的报道，还多半都是人们的生产实践的总结，真正的研究少之又少。理论研究不能满足生产实践的需要，从而制约了养龟业的健康发展。龟的科研价值很高，然而专门研究龟的机构极少，即使有研究，也大多围绕养殖立题。在龟的遗传育种、营养需求与功能饲料、生长发育机理、免疫机理、环境因子与毒理、长寿机理、药用保健价值等方面的研究任重道远。

七、消费市场开发不足，潜在风险犹在

由于龟和其他虾蟹鱼类不同，它不仅是我国传统的美食补品，更有其文化、观赏和药用价值等文化内涵，但目前行业内只注重怎样养，却对龟类众多的价值宣传和创新不太关注，这种根本性思路和结构如不调整，产业是很难可持续健康发展的。

1. 观赏市场　欧美等国，龟主要用于观赏。在我国的观赏龟市场，由于刚处于起步阶段，因此，目前在市场上一般中低档次的龟比较受普通消费者的青睐。相比其他宠物和文化艺术品，观赏龟市场还有巨大的空间没有开拓。

2. 食用市场　在龟的食用方面，市场远远没有打开。比起其他名贵水产品，龟的价格并不高，但真正消费龟的人口比例低得可怜，主要的消费市场在广东、广西和海南。原因可能是，龟宰杀麻烦，不了解烹饪方法，烹饪费时等，估计我国多数人不懂烹调方法，也没吃过龟制作的美食。因此，食用龟的消费渠道还不是很畅通，应加大龟的食用方法的宣传推广。

3. 保健和药用市场　龟具有一定的药用价值，但宣传不够，仅引用历史研究资料不能完全佐证龟的药用价值，新的科研报告较少。用黄缘盒龟制作注射液的苏州某中药公司与上海合作，做了几批停下来了，因为资源跟不上需要。此外，龟苓膏、龟酒等保健制品在各大超市随处可见，吸引力并不大。

八、合法养殖意识淡薄

《中华人民共和国野生动物保护法》《许可证管理办法》中规定，从事驯养

野生动物的单位和个人，必须取得《国家重点保护野生动物驯养繁殖许可证》（以下简称《驯养繁殖许可证》）。因此，驯养繁殖龟必须办理驯养繁殖许可证等有关手续，也就说，有关龟类的养殖、引种、经营利用，均须经有关政府部门批准并获得相应的驯养繁殖、经营加工许可证；若运输产品还须办理运输证；有关龟类及其产品的一切进出口活动，需经野生动物行政主管部门批准并取得允许进出口许可证。目前，海南、广东、广西、江苏等养殖重点区域的养殖户办理相关手续意识较强，以大、中型龟养殖场、中国三线闭壳龟和越南三线闭壳龟养殖户居多；小型和庭院养殖户以及金头闭壳龟等稀有物种的养殖户办证意识较淡薄。究其原因有：一是一些稀有物种的拥有者，因动物来源、饲养场地和饲养技术等因素，担心办证过程中不能满足管理部门的要求而被没收；二是养殖户对龟类动物的管理归属权模糊不清，不知道哪些种类归口林业局，哪些种类归口农业部；三是有的养殖户希望办理，但因无法提供管理部门需要的材料，如动物来源依据、养殖可行报告、兽医证和场地证明等，故放弃办证。

第四节　龟类养殖产业发展对策

一、继续加大对优质苗种的基地建设，选育优良种类

龟的良种选育是一项既艰苦又费时的基础工程，特别是选育工作还要有资深的工程技术人员，所以一般企业很难承担，而一些研究院校因出成绩慢，又要投入大量资金，因此也不愿承担这项工作，所以龟优良种类的选育在国内几乎是空白。所以，还需加大对我国龟苗种基地建设的投入，特别是优良种类苗种基地的运行和管理，鼓励科研单位和企业合作，国家给予部分资金支持。近几年，国家对苗种建设的投入虽然很大，但要解决根本问题，还需加大投入。

二、研究和推广高效生态养殖技术

前些年中国龟市场发展迅速，养殖技术参差不齐。单纯追求利润，盲目加大养殖密度、加温养殖，病害频发，乱用药物等情况时有发生，只求数量、不求质量，严重损毁了食用龟的声誉，价格下滑，市场销售受阻。例如，前些年出现温室龟养殖周期短、效益高，各地大量发展，盲目进行温室

养殖，对整个养殖行业造成影响，龟的肉质、口感使龟价格直线下降。养殖技术的关键是充分了解龟的生理、生态习性后，创造适宜的生态环境、搭配合理的饲料、正确的防病治病等综合的仿生态养殖措施，使龟的产卵率、受精率、孵化率、稚幼龟的成活率、成龟的商品率达到理想的目标要求。科研院所和水产技术推广站应该加强养殖新技术研究，使龟养殖向着低耗、安全、生态、高效的方向发展。依托行业协会、专业合作社和渔业产业化龙头企业，引导和鼓励龟从业人员学习新技术和开展技术创新。示范推广先进实用的养殖生产模式，如两段养殖法（先温室后生态），帮助养殖户取得较高的经济效益，提升产业水平。

三、加大对龟类研发的投入

相对于畜禽、鱼虾等，对于龟类的科研相当滞后。主要原因一是国家重视程度不够，资金投入不足；二是龟类本身的生物学特性，决定了研究的困难程度远远大于鱼虾，形成科研成果的时间相当长，科研人员开展龟的研究动力小。

要提高龟类产业发展水平，并保持可持续性，就必须加大对龟类遗传育种、营养饲料、养殖技术、病害防治、产品加工及在医药上的应用研究的投入，从而降低生产成本，提高产品质量，为开发方便食品、活性成分提炼型保健品及新药提供物美价廉的原料，推动第二产业的发展。

四、大力宣传龟的价值文化，拓展市场空间

目前，我国的龟消费主要沿袭于传统习俗，消费者也只了解龟的补养作用和龟的观赏趣味，而对现代科学的新发现还未见有知，这就是产业对产品宣传的缺失。浙江明凤公司通过办甲鱼文化节在多家媒体进行宣传，就收到了很好的效果，所以产业提升做好产品宣传是必不可少的。

五、加大市场质量监管力度

产品的安全卫生是产业健康发展的生命，提升产业发展，必须在提高产品质量的同时把好质量安全关，加大生产环境和市场商品的检测力度，特别是查

处违禁药物的销售和使用，检测产品的药物残留，销毁不合格产品，使老百姓不但知道龟的各种特殊价值，更感到对产品的安全和放心。

六、加快品牌建设

部分企业已意识到规范化管理和品牌对企业发展的重要性，先后有 10 多家企业通过 ISO9001 质量管理体系标准、ISO22000 食品安全管理体系、QS 质量安全等认证，申请注册商标的企业也超过 20 个，以浙江省居多。部分企业因注重规范化管理，实施无公害健康养殖，环境、水质、药物等符合国家的相关规定，江西金龟王实业有限公司和海口泓旺农业养殖有限公司成为国家质量监督检验检疫总局的出口韩国水生动物注册场家，为龟类出口韩国奠定了坚实的基础，使龟类销售由过去的单一内销型向外向型发展。我国的龟产品品牌数量在逐年增加，但与投放市场的商品总量比，品牌产品所占比例很低，名牌产品更是少得可怜，许多品牌还谈不上有什么影响力。要加大选出力度，促进生产企业增强品牌意识，在进一步提高产品质量的同时，加快龟产品的品牌建设。

七、加强区域产业合作

加强区域产业合作，整合区域优势，取长补短，特别是市场和技术型经济发达地区与资源型经济欠发达地区的合作，不但可促进产业发展，也可促进地区之间的经济发展。如目前养殖技术和苗种生产较先进的长三角和珠三角可和华中、西南地区进行产销加工合作，也可与有较大市场前景的华北、东北地区进行鲜活产品产销合作等。特别是浙江大面积工厂化培育的稚、幼龟，可为华中地区的标准鱼塘提供优质龟种、大搞鱼龟混养，也可和市场潜力很大但较难发展养殖的东北地区进行优质商品贸易合作等。

第五节　开展龟类养殖的必要性和合法性

龟类产业经过 30 多年的发展，养殖种类、规模、模式和区域等不断增加和扩大，已成为野生动物养殖和特种水产养殖产业中的主旋律之一。

保护和利用，是互相矛盾、依赖、促进和转化的对立统一体。保护是为了利用，合理利用是为了更有效的保护。为满足人类需求，持续健康利用野生动物，加快资源量培育，增加资源总量已显得迫切而必要。龟类过度利用，已导致野生龟资源急剧减少，开展龟人工繁殖，可以增加龟资源量，满足人们需要。

一、养殖的三个必要性

（一）野生龟资源过度消耗现状需要遏制
中国是野生龟资源消耗大国，过度利用野生龟资源，导致野外龟种群锐减。如果不遏制这种状况，野生龟资源将枯竭，对自然生态环境是重大损失。

（二）人工养殖龟替代野生种群作用巨大
目前，龟种类中乌龟、黄喉拟水龟等数10种龟类动物的人工养殖技术成熟，养殖规模产业化，养殖量大，基本上替代了这几种龟的野生资源。为了满足当代人的需求，而又不对后代人对野生动物资源的需求产生影响，应切实发展我国的野生动物养殖业。并在养殖业的基础上，进行产品的深加工，提高动物产品的附加值。所以说，人工养殖龟替代野生种群作用巨大。

（三）养殖龟经济和社会效益显著
我国的龟野生动物产业波及面宽、产值大，对促进经济建设和社会发展具有重要的推动作用，特别是在发展我国的特色高效农业方面发挥了积极作用。我国大部分龟产业均是自发形成的，其经济效益十分可观。这充分表明了市场经济条件下，龟类产业对经济建设的促进作用。据不完全估计，全国龟类产业的年产值超10亿元。龟产业在增加就业、满足人民生活、促进社会稳定乃至野生动物保护等方面的社会效益显著。

二、龟养殖的合法性

国家出台《野生动物保护法》《许可证管理办法》规定，要求从事驯养繁殖野生动物的单位重点保护野生动物驯养繁殖和个人，必须取得《国家重点保护野生动物驯养繁殖许可证》《陆生（水生）野生动物经营许可证》《运输证》。

以生产经营为主要目的驯养繁殖野生动物的单位和个人，须凭《驯养繁殖许可证》向工商行政管理部门申请注册登记，领取《企业法人营业执照》或《营业执照》后，才能从事野生动物驯养经营活动。

国家一级（包括CITES公约物种）保护动物的驯养许可证，需要由国家林业局（陆生龟类，如四爪陆龟）、农业部（水生龟类，如斑点池龟）批准颁发。国家二级保护野生动物及其产品，必须经省、自治区、直辖市政府林业行政主管部门或其授权的单位批准。取得《驯养繁殖许可证》的单位和个人，未经批准不得出售、利用其驯养繁殖的野生动物及其产品。也就是说，没有获得《野生动物经营许可证》，不得出售龟。在养殖和销售过程中，如没有合法手续，无论是卖方还是买方，其购买或销售的活动都缺少合法性，经济利益得不到保护。

三、与龟养殖产业有关的政策解读

龟产业怎么发展，在市场作用的前提下，也要掌握国家宏观改革与发展方向。为此，就有必要对十八大以来国家对我国改革和发展的有关方针政策进行解读。

近年来，我国相继出台了相关政策和规定，为龟等野生动物的养殖提供了政策上的保证，也为龟等野生动物的合理开发经营指明了方向。

（1）《中国野生动物保护法》1988年颁布，该法律在保护和开发利用我国野生动物资源方面起到了重要作用，它为保护野生动物资源提供了法律依据。

（2）2004年3月，国家林业局发布的《关于促进野生动植物可持续发展的指导意见》中，确定了以利用野外资源为主向以利用人工培育资源为主的战略转变；积极实施野生动植物可持续发展战略。龟和其他动植物一样具有可再生性特点；积极开展人工驯养繁殖龟类动物，不仅是扩大龟资源量的有效途径之一，也是缓解市场需求对野生龟资源造成压力的有效手段之一。

（3）十八届三中全会《中央关于全面深化改革的决定》（下称《决定》）和2014年两会的《政府工作报告》（下称《报告》），对我国龟鳖产业的发展有着直接或间接的指导作用。

①要改革生态环境保护管理体制。《决定》和《报告》指出，要改革生态环境保护管理体制，建立和完善严格监管所有污染物排放的环境保护管理制度，独立进行环境监管和行政执法。建立陆海统筹的生态系统保护修复和污染防治区域联动机制，及时公布环境信息，健全举报制度，加强社会监督。完善污染物排放许可制，实行企事业单位污染物排放总量控制制度。对造成生态环

境损害的责任者严格实行赔偿制度，依法追究刑事责任。

②健全自然资源资产产权制度和用途管制制度。《决定》和《报告》也指出，要健全自然资源资产产权制度和用途管制制度，对水流、森林、山岭、草原、荒地、滩涂等自然生态空间进行统一确权登记，形成归属清晰、权责明确、监管有效的自然资源资产产权制度，健全能源、水、土地节约使用制度。

③深化科技体制改革，鼓励原始创新、集成创新、引进消化吸收再创新的体制机制，健全技术创新市场导向机制，发挥市场对技术研发方向、路线选择、要素价格、各类创新要素配置的导向作用。建立产学研协同创新机制，强化企业在技术创新中的主体地位，发挥大型企业创新骨干作用，激发中小企业创新活力，推进应用型技术研发机构市场化、企业化改革，建设国家创新体系。加强知识产权运用和保护，健全技术创新激励机制，探索建立知识产权法院。

④工作报告还指出，今后要坚持家庭经营基础性地位，培育专业大户、家庭农场、农民合作社、农业企业等新型农业经营主体，发展多种形式适度规模经营，重点支持规模性农业和新型创新农业。

第六节　龟类的新市场——国际市场

龟类的价值和市场，通常显示在药用、食用两大方面，市场销售一直是以水产市场、农贸市场、药材市场为主。随着人们生活水平的提高，对生活质量的提升，龟逐渐成为人们的宠物之一，各大城市都出现了龟宠物店，甚至龟市场。由此可见，龟的价值增加了"观赏"价值，市场销售增加了"宠物"渠道。

世界的宠物龟市场主要以欧州、美国、日本、韩国和中国香港和台湾地区为主，种类以美国的彩龟类、动胸龟类、陆龟类为主。中国的龟养殖虽然历史悠久，尽管有国外需求的一些订单，但因出口手续和养殖场达不到检疫要求，过去很少出口。宠物龟的规模化饲养繁殖以美国为主，因此，过去的宠物龟几乎都由美国出口到其他国家，宠物龟市场处于美国定价状况。

我国早期的宠物龟以红耳彩龟为主，依赖进口。早期红耳彩龟是从美国引进的，当时的引进者为了隐瞒来源地，给红耳彩龟取了"巴西彩龟"名称。使大多数人误以为红耳彩龟原产巴西，至今宠物龟市场仍称其为"巴西彩龟"。目前，红耳彩龟在中国已大量繁殖，年繁殖量高达 1 000 万只以上，而且在中国的野外也已发现了红耳彩龟的踪迹，很有可能红耳彩龟在中国的野外已繁衍后代。在此醒广大龟友，切勿随意放生红耳彩龟。

乌龟、黄喉拟水龟、花龟是国内自繁自养的宠物龟，以前一直作为食用、药用；此外，三线闭壳龟等闭壳龟类是属于高档的宠物龟，深受一些资深养龟者喜爱。随着时间的推移，宠物龟市场丰富多彩，除了海龟类外，各种水龟和陆龟种类已达 100 多种，以水龟为主。

自 2006 年始，海南龟类在国际宠物龟市场暂露头角，成功走向国际市场。海南的泓旺公司和泓盛达公司是目前国内仅有的 2 家出口龟类企业，红耳彩龟、黄耳彩龟、地图龟类等美国种类在中国已得到很好的繁殖，已有一定竞争能力，成功地将这些龟出口到德国、意大利、葡萄牙和科威特等，其中，有些客户以前都是从美国引进龟，目前他们已被中国丰富多彩的龟市场所吸引，直接从中国进口。目前，出口国家已从最初的韩国 1 个国家，发展到目前出口意大利、德国、科威特、伊拉克、阿联酋等 14 个国家和中国香港、台湾 2 个地区。出口种类 32 种，红耳彩龟、乌龟、花龟、地图龟类是主要出口种类，成为国际龟类市场中主要的供应商，具有举足轻重的地位。

出口龟类动物需要一些手续，主要包括驯养许可证、经营利用许可证、海关收发货人注册登记、出口备案登记、进出口动物检验检疫注册证、动物出口许可证，这些手续缺一不可。其中，列入国际贸易公约的种类需要经过国家林业局、或者农业部行政许可后，最后经过中华人民共和国濒危物种进出口管理办公室批准，颁发《野生动植物允许进出口核发通知单》，这个申请程序通常需要 3～4 个月。没有列入公约的种类，可在国家濒危物种进出口管理办公室下设的办事处直接申请办理出口许可证，当时就可以获得出口许可证。

出口包装和装运方法也是出口过程中重要的一个环节，出口包装各大城市的要求不一样，有的必须使用胶合板箱，有的可以使用纸箱，有的需要泡沫箱；装运的方法必须符合《国际航空运输协会条例》（简称 IATA），其中，龟的包装要求是：用井字格隔离龟，或用塑料盒包装。

龟类的出口是近几年中国刚刚出现的新市场，除了美国、马来西亚等少数国家外，欧洲、日本、韩国、科威特等均无规模化的观赏龟饲养场，多数龟都是依赖进口。中国是龟类养殖业的大国，是龟类货源的主要供应国，也是龟类消耗大国。所以说，国际龟类市场未来发展尚有一定空间，未来需求量仍然将有上升趋势。

第七节　关于几种热门种类受关注的问题

近年来，斑点池龟等种类发展成为热门种类，受到养龟爱好者的追捧。但在进苗、引种的过程中，也有不少疑问困扰着他们。

一、斑点池龟的斑点颜色差异

斑点池龟的斑点颜色存在差异，斑点颜色分为白色斑点和黄色斑点，原产地的不同导致了斑点池龟斑点颜色的差异。从成体来看，黄斑和白斑个头相差不大；黄斑和白斑的繁殖、产蛋数量基本一样；在饲养过程中，体形同样大小的黄斑龟苗和白斑龟苗，其后期生长速度也差不多。

因此总的来说，两者在生长速度、繁殖方面差异不大，养殖黄斑还是白斑，主要是对斑点颜色的个人偏好。如想其生长速度快，还是以选择个体较大、健康、无病害的龟苗来饲养最为关键。

二、人工加温养殖大东方龟的利弊

大东方龟又称亚洲巨龟等。近两年，因部分养殖户积极参与养殖，亚洲巨龟在商品市场上表现出很大的发展潜力。个别养殖户为了加快其生长速度，使用人工加温的方法进行养殖。虽然经人工加温养殖的亚洲巨龟生长速度明显快于常温养殖的亚洲巨龟，但加温养殖后的亚洲巨龟，肉质品质有所降低。亚洲巨龟在食用商品市场上有着巨大的潜力，人工加温养殖方法，不利于该种类的长期发展。建议进行常温养殖，有利于维持该种类的高品质质量，才能更好、健康、持续地发展亚洲巨龟的商品龟市场。

三、子一代菱斑龟人工繁殖进展及大花钻纹龟与小花钻纹龟的区分问题

菱斑龟又名钻纹龟。钻纹龟与众不同的体色和独特的迷彩斑纹，使它当之无愧的成为观赏价值极高的物种，已被人们誉为美国乃至世界水栖龟类中数一数二的漂亮种类。虽然它们背部和头部有着非常漂亮的图案和色泽，吸引了无

数爱好者和养殖者，但因民间曾有钻纹龟难饲养、成活率低等传闻，致使一部分爱好者和养殖者忍痛割爱，对钻纹龟望而却步。

钻纹龟原产于美国东海岸，生活于海水、海和河交界的港湾。十多年前，极少数养殖户曾引进钻纹龟，经历了野生驯化及淡化的漫长过程，付出了相当大的代价。正是他们逐步积累的养殖经验，才得以在近年实现"在淡水养殖环境下，钻纹龟子二代人工繁殖获得成功"。当年，由于野生钻纹龟捕捉后囤放时间长，运输时间较久，运回国内后饲养环境条件（淡化过程）的变化，导致引进的野生龟死亡率高达 80％。在养殖前辈坚持不懈地努力下，钻纹龟经过多年的养殖，逐渐适应了淡水养殖环境，并成功繁殖。目前，国内淡水养殖环境下的钻纹龟子二代已经进入市场，比起野生的钻纹龟个体，人工养殖的钻纹龟是健康和适应人工饲养环境的。

经过养殖前辈的努力，钻纹龟已经成为容易饲养的种类，受到广大龟类爱好者的追捧和青睐，其价格在未来将会不断攀升。当然，随着钻纹龟经济效益的显现，可能会有少量非法走私或拿到批文的国外野生苗、种进入市场。但由于野生苗、种未经过人工驯化、淡化的过程，死亡率会相当高，会有很大的养殖风险。

钻纹龟有 7 个亚种，但是大花钻纹龟、小花钻纹龟不是钻纹龟某个亚种的名称，而是在中国市场上根据钻纹龟头部的黑色条纹或芝麻点的不同特点而衍生出的俗称。头部皮肤上有黑色的粗条纹的，被称为"大花"；头部皮肤上有芝麻点斑点的，被称为"小花"。

第二章
饲养幼龟模式

第一节　工厂化养幼龟模式

工厂化养殖最早已运用于鱼、虾等水产养殖。龟鳖类的工厂化养殖以养鳖较早，近5年来，龟类养殖日益兴起，龟类工厂化养殖模式也被运用，以广东、江苏、浙江较多。工厂化养幼龟模式，可运用于幼龟和商品龟的饲养，是现代化养龟方式的具体表现。

工厂化养幼龟，通常是在室内建混凝土、砖混、塑胶或玻璃钢等其他材料作饲养池。工厂化养幼龟的优点是产量高，总体利润高，饵料利用率高，用水量低，饲养密度高，用工少，疾病容易控制，受自然环境影响小；缺点是占地面积大，高投入，技术要求高（图2-1）。

图2-1　工厂化养幼龟模式

工厂化养幼龟就是利用现代化工业手段，控制池内生态环境，在高密度集约化的放养情况下，创造一个最佳的生存和生长条件，促进龟的顺利生长，提高单位面积的产量和质量，争取较高的经济效益。具体地讲，就是在具有保温、控光的室内水泥池或塑胶池内，通过各种加热手段，把水温控制在28～32℃的最适温度；通过充气甚至充氧，适量换水，保证池内有充足的溶解氧，可改善池内的水质条件；去除水中有害物质，通过化学或生物手段，建立一个优良的生物群落、抑制有害生物，避免严重疾病的发生；以优质的饲料保证对龟生长发育的需要，促进生长和提高抗病力。

工厂化养幼龟池多种多样，但较好使用的有 2 种，即圆形或长方形龟池。其共同特点是池水可做环形流动，不仅可使池内水质条件均一，而且可将龟的粪便等废物及时排至池外，保持池内清洁。养龟面积多在 100～1 000 米²，池深 1.2～1.5 米。池壁一般为砖石结构，水泥沙浆抹面，避免磨伤龟的额角。池底水泥沙浆抹面需平整光滑，以微小坡度（0.5%）顺向排水口。排水口周围约 2 米半径范围内建成锅底形，以利于聚集污物。

换水是改良水质的通用方法，但是必须使用消毒后的清洁水，精养池塘后期每 2～3 天换水 30% 左右，工厂化养殖一般中、后期每日换水 30%～100%。增氧是保证水质、防止疾病暴发的有效手段，应视水质状况确定增氧机的开机时间，早期一般中午开机 2 小时，黎明开机 2～4 小时。并逐渐增加开机时间，中、后期精养池除投饵时停机外，应昼夜连续开机。

工厂化养殖方式是粗放型、规模化、高密度养殖，比较适合饲养乌龟、红耳彩龟、蛇鳄龟等经济型龟种。市场上对乌龟、红耳彩龟等经济型龟种需求量较大，无论是宠物市场、农贸市场，还是养殖市场和食用市场，一年四季都有需求。

第二节　立体箱养幼龟模式

立体箱养幼龟模式是饲养幼龟的基本方法，该模式具有占地面积小、易操作、省人工和养殖效益高等优势。

一、立体箱的材料和制作

立体箱的材料多种多样，有不锈钢、PVC 材料、玻璃、塑胶、瓷砖、泡沫板和水泥池等。也可在泡沫板和木板表面涂抹水泥，这样既起到保温效果，也杜绝易燃隐患。立体箱通常为长方形，无固定尺寸，可因地制宜地制定尺寸。箱子摆放在支架上，支架以角钢、镀锌钢管、镀锌管和木材等为材料，箱体通常 3～4 层，箱内长度的 1/3 或 1/4 处设立斜坡，搭建平台，使箱内长度的 1/3 或 1/4 的面积高出箱底 5～10 厘米，作为龟的休息台和食台；也可不建立平台，放置石块、砖、瓦为休息台和食台。每一层应设置独立的照明、加热、控温系统。此外，将一房间作为温室，室内放置数个立体支架，支架上放置塑胶盆，形成一个大型的立体养幼龟温房。

二、立体箱的进、排口水管安装

立体箱的进、出口水管用 PVC 管，直径以 6 分和 8 分为宜。每一层设立进、排水管和龙头，排水管的排水控制龙头使用频率高，易漏水或损坏，应选购质量好的龙头；排水可使用插入式排水法。

三、温室养幼龟

温箱的加温分为空气加温和水加温。空气加热和水加热的目的，都是提高水的温度，通过控温设备控制温度，保持水温恒定。空气加温，可通过加热灯管、石英管、空调、各种取暖器等；水加温，可通过加热管、锅炉等其他加热设备。加热设备应连接控温装置。控温装置运转后，温度达到控制的最佳温度时，装置将自动断电；当温度低于需要控制的最佳温度时，装置便自动加温。冬季气温低，如果环境温度低于 15℃ 以下，大多数龟都停食，停止活动，进入冬眠阶段。提高环境温度，使水温到达25～32℃，或空气温度达到 28～32℃，龟苗将不冬眠，正常觅食、活动和生长。

近 20 年来，温室养龟以其连续性、无季节性和主动控制性三大特点，在江苏、浙江、山东、河南和北方部分地区受到人们的青睐。如今的龟温室养殖已达到了产业规模化、产品商业化、控制半自动化程度，养殖技术已基本达到工业化水平，改变了池塘传统养殖的落后局面。温室养殖包括全封闭型工厂化温室和小型温室。温室养殖主要适宜于饲养商品龟，将稚龟或幼龟饲养于水温 28～32℃，日投喂 1～3 次，调控水质，促使龟加快生长速度，缩短养殖周期。温室饲养过程中除注意水质、饵料、温度等管理方法外，还应遵守"等温换水"原则。将稚龟从室外移入室内，切忌突然升高温度，应逐渐升温；当幼龟移到室外要逐渐降温，注意温度的平衡（图 2-2）。

图 2-2   立体箱温室养幼龟模式

第三节   仿生态养幼龟模式

仿生态养幼龟模式，是模仿龟原有的生活环境，建造适宜其生活、生长的场所，使龟健康生长。

仿生态养幼龟模式的重点是，饲养池的环境布置。饲养池大小、周围应有良好的植被，无污染源，水源充足，进、排水和水电正常，饲养池内设置多个功能区，为龟提供不同的生活区域，以满足龟不同时期的需求。

仿生态养幼龟池分为室内和室外两种。室内饲养池周围植物丰富，以绿萝等观叶植物以及常青藤等藤类为主；水域中设置花架，摆放龟背竹、滴水观音等植物，水中放养水浮萍、睡莲等植物，既能起到观赏作用，又能遮阴。饲养池内设置饵料区、休息区和运动区。饵料区占饲养池的1/5，可设置在休息区附近；也可与休息区相连，休息区占饲养池的 1/5；运动区是水域，占饲养池的 3/5，室外生态养幼龟池应设置在阳光充裕区域，周围种植果树和低矮植物（图 2-3）。

图 2-3 仿生态室外养幼龟模式

第四节 网箱养幼龟模式

网箱养幼龟模式，是充分利用水资源、生产绿色水产品的方式之一，具有方式灵活、设施简单、管理省工、不占土地、投资少、迁移方便、发病率低、成活率高、生长速度快和经济效益明显等优点。

网箱养殖可满足缺少水泥池、小规格池塘养龟者需求。通常，应选择河、湖、江面水域宽阔的地带，养龟水域周围应无工业区、无排污口，避免污水对网箱养殖造成危害。

网箱通常为长方形，规格依据水流状况和龟的规格设计。水流大的水体中，单个网箱面积不超过 10 米^2；静水湖泊中的网箱面积，不宜超过 20 米^2 左右，网箱深 1.5～2 米。水域小的地方，网箱可适当缩小规格。网箱用聚乙烯网片缝制，网目以小于龟背甲宽度 1/2 为宜，网箱四周加翻檐，防止龟攀爬逃逸。网箱应放置在背风向阳的地方，通常以品字形、一字形排列，既能保证网箱内外水体的交换，也不影响水上交通和其他的需要。网箱间距 0.5～1 米，每排网箱之间的距离应在 2～3 米。网箱用竹、木桩、水泥桩固定于水中，网底浸于水下 0.3～0.6 米，网底的 4 个角用吊子坠上固定，预防水流或大风掀起网箱。网箱上盖开口，便于操作，网箱里应放置水上食料台、晒台及少量水浮莲，为龟提供摄食、晒背和攀附场所。水位应视龟大小、活动能力而确定，水深控制在 30～80 厘米。

用于网箱养殖龟类的规格应不低于 20 克，种龟不适宜用网箱饲养。体重 20～50 克的幼龟，每平方米可饲养 100～120 只，随着龟不断生长，逐渐减少饲养密度；体重 100～150 克的龟，每平方米可饲养 50～80 只。

投喂的饵料以浮性颗粒饵料为宜，如投喂团装饵料，应在团装饵料外包裹细目尼龙纱，减少饵料流失。日常管理工作是投饵，检查网箱破损，有无溺水死亡龟。

网箱养殖适宜饲养乌龟、黄喉拟水龟、花龟等水栖龟类。

第 三 章
常见种龟养殖模式

龟类养殖发展到今天，养殖模式呈现出多元化趋势，庭院养殖、龟鳖鱼混养、稻、藕田养龟等模式均见报道。目前，龟类动物养殖的常见模式，包括楼顶养殖、阳台养殖、外塘生态养殖等模式。在实际生产运用中，各种养殖模式均有优缺点和利弊，因此，选择养殖模式应该因地制宜，切忌生搬硬套。

第一节　庭院养龟

庭院养龟，是充分利用房前屋后的小块零星杂地建造龟池；也可利用原有小水池、废弃水坑、水沟等改造后养龟。庭院龟池建造，通常需要有水源、电、阳光排水等，通过精心管理龟池，可以创出意想不到的良好效益。庭院养殖适宜小规模投资，饲养各种生态类型的龟鳖动物。

一、龟池建造

庭院小规模生态养龟池，最小可为 2 米²，最大可达 1 000 米²。面积大小无固定模式，水池形状可根据实际地形灵活变化。水池总深 0.8～1.3 米，池底设计成四周高、中间略低或向一方倾斜。池底靠墙壁附近设立排水口，排水口上插入小于排水口一号的水管，水管上需留溢水孔，水管顶部并用金属网拦住，以防下大雨涨水时龟、鱼虾等逃走。有些排水的下水管道埋设于池子底部，通向池外排水沟，出口处安装阀门，平时阀门关闭，需排污打开阀门。池内保持水深 0.3～0.8 米，池四周用砖砌成，池内壁用水泥抹平或贴瓷砖。池北边建产卵场，产卵场面积占全池 5%～10%，产卵场内填入 30 厘米厚的沙土；如场地较小，可把产卵场架空于水池上。产卵场与池水之间要架设斜坡，斜坡侧面可用瓷砖竖立做遮挡，防止龟掉入水中呛水。产卵场和水域的斜坡，可兼作晒背台和食台。龟池周围和附近应栽种一些果树、观叶植物和花草等，增加龟池的美观效果。

二、水池布置和管理

由于庭院养龟是小规模养龟，水体面积小，水质易污染和老化，换水频率高，一方面增加劳动力，另一方面容易影响龟的活动。因此，庭院养龟的水体管理非常重要，主要是做好水质管理。在水池中建立自繁食物生态链，解决水质问题。池水上层放养水生植物，如浮萍、水草、水花生和金钱草等，当水花生、水葫芦生长茂密时，应用竹竿拦住；水中的植物既美化环境，也能净化水质，改善水体，还可为龟提供遮阳躲避场所；中层放入鱼虾，下层放入鳅、蚬、螺、蚌等，以解决龟的部分或大部分鲜活天然饵料，同时也能改善水质，使水质保持清新。此外，水池中的水生动物自身繁殖，给龟提供了追捕觅食的机会，龟吃活食可增强体质。庭院养龟的水生态环境，使原来夏季需1～3天换水1次，可延长到15～30天换水或换部分水，如管理得当，可以延长更长时间。日常管理包括水位和水色。夏季和冬季水深，春秋季水浅些；保持水色淡绿色，水色过浓可排除池水下边污物和换出部分池水，加注清新水。

三、日常管理

日常管理包括放养、投喂和巡池，这些是日常管理的基本工作，也是日常管理的关键，直接关系到龟的健康和生长状况。

1. 放养 投放于池内的龟种类以自己喜好和市场为先，适应当地气候也是选择种类的条件之一。通常每平方米放养3～5只龟，具体视龟体大小而定，原则上让龟有活动空间并不太挤即可。

2. 投喂 在春秋季节，每天投喂1次，可投入黄粉虫、泥鳅、蚕蛹或人工饵料。有时应视龟的每天吃食量，隔几天适当补充水生生物。投喂时间可早或晚，但应相对固定，便于观察龟的健康状况；冬季，水温降低至22℃左右，龟没有完全冬眠，有进食欲望，但不能投喂，一旦投喂，水温降低，龟易染病。龟冬眠后停止投喂。冬天过后，龟池里的龟会逐渐从冬眠中苏醒，是否投喂关键要观察龟的觅食情况。如果龟池中的龟超过一半有爬行觅食的现象，就可以投喂；如果没有这种现象，就不投喂。

3. 巡池　每天早晚巡池，查看龟、水、排水口和产卵场，及早发现问题，及时解决。捞除浮在水面的残腐植物茎叶，并及时添换鲜活植物及水生动物或人工饵料，防止龟吃不饱；每月消毒，可按每立方米水体用 2～3 克漂白粉或其他消毒药物泼洒于池水中，以防止病菌侵入（图 3-1）。

图 3-1　庭院养殖

第二节　阳台、楼顶养龟

阳台、楼顶养龟，是利用阳台微小的场地，楼顶有限的空间，合理设计布局而建的养龟池。在阳台楼顶、养龟，具有比室内、室外无与伦比的优势。首先，阳台、楼顶养龟省略了租赁场地、雇佣人员等烦琐；其次，阳台、楼顶养龟的工作时间自由，可白天工作，晚上养龟，娱乐和休闲一举两得。此外，阳台和楼顶的独特位置，不仅可提高安全防护，还具有冬暖夏凉的房屋节能效果。当养的龟繁殖或长大，龟的价值得到了提升，可谓，养龟修身养性投资两不误，是集玩赏、投资、养生于一体的生活方式，吸引了很多城市的上班族等人群加入养龟，也适宜各类人群加入。

一、龟池布局

阳台养龟，可以直接用水泥、砖、瓷砖建池。近年来，PVC 板的大量运用，龟池可直接用 PVC 板或瓷砖直接建造，以减轻阳台的重量，也可以灵活拆卸，而且工序简单，成本低廉。此外，也可将不锈钢、铁皮、PVC 板等材料制作好的容器直接放在阳台。如饲养多种龟，可用支架支撑箱体，成立体养龟布局。

龟池面积和形状：阳台面积通常在 8～6 米^2，龟池通常呈长方形和正方形，也可依据阳台的形状因地制宜建造龟池。长方形通常为长 3～4 米、宽 1～2 米，池高 30～45 厘米。

龟池处于半封闭空间，有日晒，无雨淋环境，是半仿生态模式。龟池建造在阳台一角，依墙或依围栏建造，池的大小根据阳台大小因地制宜，形状呈长方形，也可依阳台形状建成不规则形状。龟池可以多种多样，但无论用哪一种方法建造龟池，龟池内部的布局主要包括活动区域和产卵区域。活动区域是龟活动、游动、爬动的场所，活动区域朝阳，使龟能享受阳光沐浴；活动区域底面略倾斜于排水口，便于排水；活动区域的管埋设排水管，排水口用 8 厘米或更大的 PVC 管。排水口小，排水缓慢，不利于冲洗；排水口管要放正，避免歪斜。

产卵场是龟产卵的场所，产卵场设立有两种方法，一种是立体产卵场，用 PVC 管作支撑，将产卵场悬于活动区域之上，产卵场下方是半封闭的活动区域。另一种是产卵场与活动区域在同一平面上，直接与活动区域连接，产卵场与活动区域以 20°～30°的斜坡连接，斜坡靠近池壁。两种产卵场各有自身优势，立体产卵场利用空间，扩大了活动区域范围，也给龟提供了一个躲避的场所；平面产卵场虽然活动活动区域小，但方便龟攀爬，与自然环境更接近。具体选择哪一种产卵场，可依照实际情况而定。

二、龟池环境布置

龟池环境布置主要是指绿化布置，布置后的环境接近大自然，布置包括植物和水。龟池周围布置较多的植物，可遮挡龟的视线，避免龟受到惊扰，也可在夏季遮阳降温，美化环境。植物可选择龟背竹、观音竹、吊兰、孔雀竹芋、网文草和金钱树等，绿萝、金钱草、一些水培植物也非常适合用于龟池。

水池中应布置流水或小喷泉，可借助水泵、充氧机、喷泉头将水引入水管流入水池。流水和喷泉可净化水质，增添自然景观，夏季可起到降温作用（图 3-2）。

图 3-2　阳台、楼顶养殖

第三节　外塘生态养龟

外塘生态养龟,是采用模拟龟鳖的野外生活环境,投喂天然饵料,自然冬眠饲养的方法。外塘养殖通常面积较大,一个池在500米²左右,以土池为主,池塘形状统一,以长方形为主。池塘周围重环境布局,栽种各种植物。如海南省养殖户在池塘周围栽木瓜、空心菜,一方面,木瓜、空心菜可喂龟;另一方面,既美化环境,也起到遮阳、防惊扰作用。产卵场为5～10米²,除产卵场以外的陆地用水泥或砖覆盖,杜绝龟随意四处产卵,以增加人工采卵的工作量。饲养管理中,以天然小鱼、河蚌、虾为主,辅助投喂全价配合饵料。冬季不加温饲养,使龟自然冬眠。外塘生态养殖模式除用于繁殖育苗外,还可育种和饲养幼龟,即将当年龟苗在温室饲养1年,翌年放养于外塘,经2～3年饲养后龟品质与野生龟相似（图3-3）。

图 3-3　外塘生态养殖

第四节　室内生态养龟

室内生态养龟模式，是利用室内空闲房间搭建水泥池，饲养面积通常在30～150米²。饲养池可用 PVC 板、不锈钢、塑胶箱、瓷砖和砖砌等材料制作，在池底铺设瓷砖，斜坡用瓷砖反面铺设，水到产卵场间设饵料池，保持了活动区域的水清洁。饲养池周围栽种或摆放各种绿色植物，模拟野外生态环境。室内生态养殖适宜小规模投资和饲养珍稀价值高的种类，以饲养水栖和半水栖龟类为主。

在修建养龟池时，既要考虑龟池式样美观、经济实惠、使用方便，又应考虑龟池的隐蔽性；同时，还要注意因不能及时更换池水，造成池水发出异味等因素。

一、室内平式龟池

室内平式龟池可因地制宜，选择墙边、阳台、楼顶等进出水方便的地方建造。池内分三部分：一是龟窝，此处应高出池面 15 厘米左右，是龟的栖息和产卵的地方，龟窝顶部要遮蔽，力求避光；二是运动场，供龟寻食、活动；三是水池，是龟饮水、潜游、嬉戏交配场所，排水口处设铁丝网罩防逃，龟窝通向运动场和水池呈 35°斜坡。龟池内壁粉刷要光滑，既能防止磨损龟板，又便于龟的爬行（图 3-4）。

图 3-4　室内平式龟池

二、室内多层式龟池

室内多层式龟池，又称立体式龟池。这种龟池有效地利用空间，把有限的地面面积分隔多层，增加饲养面积和放养量，便于管理和及时发现病龟。龟池不宜太高，池水也要浅些。可采用红砖水泥结构，在龟池外壁粘贴瓷片。龟池大小依据现场设计，长方形是常用的形状，除孵化盒（池）另行设置外，全部可按单层平式龟池的方法建造，一个龟池可建 3～5 层。排水管位于外侧，每层之间的排水管独立，不联通，杜绝病原感染。为排水方便，不留积水，龟池可略倾斜，做成一头高、一头低（图 3-5）。

图 3-5　室内多层式龟池

第五节　稻田养龟

稻田养龟是一种动植物互生，同一环境生态互利的养殖新技术。也是稻田作物空间间隙再利用，不占用其他土地资源，又节药饲养龟类成本，降低田间害虫危害及减少水稻用肥量等互补互利措施，不影响水稻产量，但却大大提高了单位面积的经济效益。

一、稻田的布局

稻田应选择水源条件好、排灌方便、大水不漫田埂、干旱不缺水的稻田为好。稻田四周要建立防逃设施，四周用厚塑料膜围成 50～80 厘米高的防逃墙，也可用石棉瓦等围建。进、排水口必须用铁丝网或塑料网拦住，田内开挖龟沟，以利于龟活动和越冬，可用田边沟代替，沟面宽 3 米、底宽 2 米、沟深 1.5 米，沟长随田而定。沟面积和稻田面积之比为 2∶8，田块中央建一长 5 米、宽 1 米的产卵台，可用泥堆成，台中间放上沙土，四周呈 45°斜坡，以便龟产卵。

二、龟类种类选择

稻田养龟模式中龟的种类，宜选用乌龟、黄喉拟水龟、黄缘闭壳龟等水栖龟类中的肉食性或杂食性种类为主，有些龟种类可以混养；陆龟类和平胸龟、蛇鳄龟等攀爬能力强的种类不适宜放养稻田内。放养的龟应选用规格相似大小，以利均匀吃食，防止争食。体重 2 000 克以上的大型龟类不适宜放养。

三、龟、虾等动物的放养

单季稻田栽秧后，放养鳅虾螺龟苗种；冬闲田先放养苗种，后栽秧。龟放养前，用 3％食盐水浸浴 3～5 分钟。亩放成龟 100～120 只，雌雄比为 2：1。青虾种为每亩放养抱卵青虾 5 千克左右；螺、鳅种最好到沟、渠、塘等天然水体中采集，种田螺要求个大、外形圆、肉多壳薄、壳色灰黑、螺纹少，可亩放田螺 2 000 只；泥鳅种要求体色深黄、健壮、规格整齐，亩放体长 3～5 厘米鳅种 0.7 万～1 万尾。由于龟活动有耘田除草作用，加上龟自身排泄物，另有萍类肥田，所以，稻田养龟的水稻施肥量可以比常规的田少施 50％左右。

四、饲料投喂

力争做到"四定"投饲法，每天要定点、定时、定量、定质投喂饲料，日投喂量为整体总重的 5％，并根据水质、天气、摄食情况等适当调节，在 7～9 月生长旺季，日投喂量增加至 10％，稻田内有昆虫类，还有水生小动物供龟摄食的，可减少投喂量。植物性饲料可在田内预先放养红、绿萍等，田间杂草也是龟类的可口植物饲料。在稻田混养鳅、螺、虾和龟，是一种以鳅、螺、虾为增殖饵源。泥鳅、田螺、青虾繁殖力强，均为杂食性动物，采食植物茎叶、浮游生物等为主，搭配放入养龟稻田内养殖，不仅能繁育大量幼体供龟采食，还具有净化水质作用。

五、稻田水的管理

水位可经常保持田间板面水深 3~10 厘米，原则上不干，沟内有水即可。水体透明度控制 30 厘米，水色以黄绿色为好。水质水温对龟的生长发育影响很大，要注意观察水质，及时换水，注意控制水位，调节水温。稻田水深保持 15~20 厘米，高温季节适当加深，不能用上块田水泡下块田。

六、日常管理

由于龟会吃植物性饲料，所以不宜施用除草剂。龟自身的排泄物可以作肥料，所以田间施肥量比常规施肥减少一半。田间平常水位保持在 6~10 厘米，高温季节要经常灌跑马水，保持水质新鲜。每年秋收后可起捕出售，也可转入池内或室内饲养，让其越冬。

第六节　蕉田养龟

蕉田养龟是一项创新性的大胆尝试，是农民增收农业增产的有效尝试，也是一种双赢的种养模式。香蕉田里放养龟，蕉沟为龟的生活栖息、生长提供必须的场地，香蕉树和水面为龟提供遮阴；龟的活动、摄食、排泄物为蕉田累积提供大量高级有机营养肥源，有利于香蕉的生长和品质的改善；蕉田里温暖多湿，蕉影阳光也比较适应龟的生长。

在东莞市麻涌镇大步村的"蕉田养龟"项目基地，在 14 亩蕉田里共有 16 个养龟池，按照 3~8 只/米^2 不同密度放养，已投放 170 100 只龟。每 2 块蕉田"包围" 1 个养龟池，每个水池水深 1 米，面积约 70 多米^2，中间砌上一道水泥墙，把养龟池与蕉田隔开，这样有利于香蕉洒农药的时候保护龟。按照不同季节投喂次数不同，春夏季节每天上午投喂 1 次，每次投喂量占龟体重的 3% 左右，下午清理残饵，每 15 天要抽检 1 次，观察龟的生长情况。

蕉田养龟模式中，可放养乌龟、黄喉拟水龟等水栖龟类；如养苏卡达陆龟等陆栖龟类和黄缘闭壳龟类等半水栖龟类，可直接将龟放养在蕉田里，用水泥墙作围栏分割成数个龟池，便于日常管理。

东莞市麻涌镇大步村的"蕉田养龟"项目试验结果显示，蕉田养龟模式中，1亩地可以种植香蕉110～120棵，蕉田养龟的香蕉挂果率达到91%，单株普遍重达20千克以上，龟的成活率也比常规池塘养龟提高到97.7%。平均每亩蕉田，养龟加上种蕉的纯收入约为种植效益的2.8倍。

由此可见，蕉田养龟种养结合，不仅构建了蕉龟共生的生态环境，而且可大幅度提高土地资源利用率，提升产品总附加值，使单位蕉田面积产出效率提高，有力地促进香蕉种植产业升级、企业发展、蕉农增收，具有较好的社会和生态效益。

第七节　龟鳖鱼混养

龟鳖鱼混养，指在同一池塘水体中将鱼、龟与鳖混合养殖。养龟鳖促鱼、养鱼利龟鳖。鱼龟鳖混养可互利共生，达到鱼龟鳖丰收的目的。该模式既提高了单水体利用率，挖掘了生产潜力，又增加了养殖者的经济收入。

一、池塘建造

龟鳖鱼混养池可用鱼池改建，面积在25～200米² 不等。在土池周围池埂上建高0.5～0.7米的防逃墙，墙顶设T形防逃檐，向里檐宽10～12厘米。池壁有砖石砌墙，以水泥抹面，周围应无鼠、蛇洞穴。如建水泥池，池深1.3～1.5米，水深0.7～1.0米。注排水渠道可用预制板或其他硬质板材来覆盖，也可放置PVC管。墙内全部用水泥抹平，且墙角要成弧形。晒壳台、投饲台、栖息陆地是龟鳖鱼池不可缺少的设施。投饲台设在排水口的上方，沉入水中的饵料可迅速排出池外。为节约水面，晒壳台与投饲台可兼用。另外，在池中多放一些木板，作为龟、鳖的栖息陆地。

二、龟鳖鱼种类的选择和放养密度

混养池中，鱼龟鳖混养可分为两种类型：一种是成鳖池中，混养一些成鱼或成龟；另一种则是以养鱼为主的池塘中，混养一些成鳖和成龟。

1. 鳖的种类和放养密度　鳖的种类包括中华鳖、佛罗里达鳖（珍珠鳖）和角鳖等，宜放体重1千克以上的个体，每亩放500只左右。

2. 鱼的种类和放养密度　鱼的种类主要混养鲤、鳗等鱼类，国内的鱼种类根据当地条件和鱼类品种规格等具体情况而灵活掌握。一般鱼种的搭配比例为：鲢 50%～60%，鳙 10%～15%，食草性的草鱼、鳊等 20% 左右，杂食性的鲤、鲫、鲴等 5%～10%。放养量则以亩产 300～400 千克商品鱼为标准，亩放鱼种 60～80 千克。

3. 龟的种类和放养密度　龟的种类主要是水栖龟类，主要包括乌龟、黄喉拟水龟、红耳彩龟和密西西比地图龟等；适合放养体重 250～1 000 千克个体，每亩放养 400～500 只。

三、水质管理

龟鳖是用肺呼吸空气中的氧，呼吸与摄食使龟鳖不断在水体上下往返运动，从而增加了水层之间的对流。鱼龟鳖混养池内溶氧较丰富，水质通常较稳定，常呈灰褐色或黄褐色相间的云条状"水花"。龟鳖在池底的活动，使沉积在池底的有机物能更快分解，加速了物质循环和能量流动。

四、日常投喂和管理

鱼龟鳖混养，通常以龟鳖为重点投饲对象，在满足龟鳖摄食前提下，根据饲养的鱼种类、数量和池塘水质情况，确定鱼类的投饵量及施肥量。如果龟鳖残饵较多，鲤、鲫等杂食性鱼类和鲢、鳙等滤食性鱼类通常不用投喂；草食性鱼类应按其摄食量投喂水中的鱼，以鲢、鳙浮游生物为食。

日常管理应坚持每天巡塘，观察水质情况及鱼龟鳖摄食和活动情况，如发现异常，要及时采取措施。在鱼龟鳖生长旺季，每 20～30 天可每亩水面撒生石灰 30 千克左右，既起到施钙肥、改良水质作用，又可预防鱼龟鳖疾病。

第八节　果园养龟

果园养龟，是在果园内建造龟池，饲养半水栖龟和陆栖龟。果园养龟可提高单位面积经济效益的好途径，节约人工养龟的成本及有效降低果林害虫，且提高土地利用率，便于一体化综合管理等优点。果园养龟不仅不影响果品质量，反而有增加果品产量的效果。养得好时，每亩果园可产龟达 100～250 千克，果品产量可提高 5%～12%。

一、龟池修建

在果园四周建筑矮墙，墙基深入地下 20～30 厘米，可防龟打地洞逃逸，矮墙高出地面 60 厘米，墙角做成圆形，可有效防止龟外逃。在园中间或四角适合处，按养龟量的多少来设计建造几处小房舍，果园喷施有毒农药治虫时，可把龟全部移入室内，以免中毒致死，经 1～3 天后再放龟出来。选用高效低毒低残留农药，也可防止龟中毒。冬天，可把龟移入室内越冬，盖上干杂草，定时淋少许水保湿。北方地区较冷，应加盖塑料膜，也可移入地下室越冬。另外，再建几个凉棚，以利龟在夏季栖息避暑。

二、果园的龟种类选择

目前，我国常规果园均可套养龟类，但最好选择耐旱品种，如陆龟中的苏卡达陆龟、豹龟和缅甸陆龟等；半水栖龟类中的锯缘摄龟、黄额盒龟和黄缘闭壳龟等，这些龟耐旱能力强，数月不下水也可正常生长；如选用水栖龟类中的乌龟、红耳彩龟等也可以，但应在园中开掘几条水沟或小水池，供其栖息。放养密度宜稀不宜密，一般每亩果园放中龟或 2 龄龟 200～300 只，以商品性生产为宜。

三、日常管理

晚上在果园里挂几盏电灯，引诱昆虫扑灯，可把果园中忙着产卵的有害昆虫引到灯光下，任龟自己捕食。不仅减少大部分果园害虫的危害，把害虫降低到最低限度，而且减少果园施农药次数，节约了农药成本，又减少龟的投喂，从而节约饲料成本，一举两得。

果园内饲养陆龟，可直接投喂各种瓜果蔬菜，半水栖龟和水栖龟可投为人工饵料和鱼肉糜；如遇阴雨天或早春、初冬季节，诱虫量不多，每天可投喂占龟体重 3%～4% 的人工饲料。如是晴好天气和夏季，诱得虫量多，可减少人工饲料投喂量，一般可投入占龟体重的 1%～3% 的饲料。初春、深秋和冬季停止投喂。

第 四 章
几种龟类的养殖模式与方法

第一节　三线闭壳龟

三线闭壳龟，国内通常称金钱龟（见彩图 1）。拉丁名 *Cuora trifasciata*，俗名三棱闭壳龟、红肚龟、金头龟、川字背龟、红边龟等。金钱龟有极高的食用、药用和观赏价值，是最为昂贵的珍稀龟种之一。金钱龟的世界分布范围十分狭窄，主要分布于中国广东、广西、福建、海南、香港、澳门以及越南南北部等亚热带国家和地区。20 世纪 80 年代以前，中国的三线闭壳龟资源较为丰富。由于人们逐步认识到此龟的食用、药用和观赏价值，国际、国内市场上对金钱龟的需求量逐步增加，极为畅销。由于经济利益的驱使，人为捕杀的行为显著增多，同时，三线闭壳龟的栖息地也遭到了严重的破坏，水域污染及饵料资源下降等造成其资源量极为稀少，在市场上见到的大多为从东南亚进口或来自人工驯养繁殖。金钱龟具有食性广、抗病力和耐饥力强、生活力强等特点，人工饲养方便，人工繁育已经获得成功，不仅具有可观的经济价值，还使这一野生资源得以保护，也为满足人们日益增长的需求提供了可能。

一、外形特征

头部光滑无鳞，头顶金黄色或灰黄色是金钱龟明显特征之一，头侧及眼前后均有黑色条纹和黄色斑块，鼓膜明显而圆；颈角板狭长，椎角板第 1 块为五角形，第 5 块呈扇形，余下 3 块呈三角形，肋角板每侧 4 块，缘角板每侧 11 块；背甲棕色，具有明显 3 条隆起的黑色纵线，以中间的 1 条隆起最为明显和最长，故又被称为川字背龟，是金钱龟独有特征；背甲边缘周围坚皮呈金橘黄色，所以又叫红边龟。腹甲黑色，其边缘角板带黄色；背甲与腹甲两侧以韧带相连，板（腹甲）为横断，腹甲在胸、腹角板间也以横贯的韧带相连，故也称断板龟；指和趾间具蹼；尾短而尖。

野生金钱龟背甲的每块盾片上有清晰、密集的同心环纹，就像树木生长一样，每生长 1 年就会产生 1 条环纹，故此称为生长年轮。而人工饲养的龟，由于饲料充足而且营养丰富，全年均可生长，而且不同季节生长速度差异不大，所以同心环纹较模糊、稀疏，每条环纹间的距离较大。

二、生活习性

金钱龟有群居的习性，喜欢选择阴蔽的地方栖息，喜栖息在水域附近的山岗石穴或泥穴中，受惊后潜入水底，常到山溪或潮湿地觅食各种水生动物。

金钱龟属于杂食性动物，在自然界中主要捕食水中的螺类、小鱼、虾和蝌蚪等水生动物，同时，也食幼鼠、幼蛙、金龟子、蚯蚓及蝇蛆，有时也吃南瓜、香蕉及植物嫩茎叶、种子。在人工饲养条件下，喜食动物内脏、蚯蚓、瘦肉、小鱼、水果及混合饲料。

金钱龟是变温动物，最适生长温度在 24～32℃。5～10 月气温最适合金钱龟生长发育，在此期间活动范围扩大，食量增大，尤以 7～9 月增重最快。11月后当气温逐渐下降，金钱龟活动逐渐减少，活跃性下降，食量降低。下降到 15℃以下时，活动减少，逐步进入冬眠状态；当水温在 12℃以下，即进入冬眠状态，身居穴内，不食不动，一直持续到翌年 3 月。每年 4 月气温逐步回升，开始活动寻找食物。金钱龟在南方地区冬眠时间较短，一般在 12 月到翌年 2 月。

三、雌雄鉴别与繁殖特性

雌性的龟背甲较宽，尾细短，尾基部也较细，泄殖孔距腹甲后缘较近，腹甲的 2 块肛盾形成的缺刻较浅，腹板平坦；雄性的龟背甲较窄，尾粗长，尾基部也较粗，泄殖孔位于尾部的后半段，距腹甲后缘较远，腹甲的 2 块肛盾形成的缺刻较深，腹板内凹。雌性个体通常会比雄性大。

金钱龟生长缓慢，性成熟期较长，雌龟需要 7 年；雄龟性成熟较雌龟快，需要 4～5 年。人工养殖条件下，营养充足、生活条件好，金钱龟的性成熟时间会提前 1～2 年。每年 4～10 月为繁殖季节，5～9 月为产卵季节。每年产卵

1次，每次产蛋1～9只。在广州地区，最早5月开始产卵，7月是产卵高峰。

产卵前，雌龟会选择土质松软的浅滩沙堆或在树草根下挖土成穴，然后产卵于穴中，再用沙土盖穴，用身体压平实后才离去。在自然条件下，金钱龟卵的孵化易受外界自然条件（如气候、光照、天敌）等因素的影响，故孵化时间较长，且孵化率较低。

四、经济价值

1. 食用和保健价值　金钱龟肉质鲜美，营养丰富，有较高的营养、滋补和保健价值。金钱龟受到华南和港、澳、台地区以及东南亚和海外华人的青睐，形成金钱龟作为防治疾病、提高体质、抗疲劳的饮食潮流。我国民间喜用金钱龟炖汤，作为保健养颜、预防肿瘤、长寿健体之用，还作为癌症患者的术后滋补恢复。金钱龟尤其适用于亚健康人群，有调节人体机能、提高人体免疫力及抗疲劳的作用。

2. 药用价值　性味：咸、甘、微寒。归经：归肝、肾、心经。

金钱龟是一种古老神奇的生物，有着极高的药用价值。古代战国时期的《山海经》、东汉时代《神农本草经》都有龟类食用、药用的记载：称龟甲消痈肿，而三线闭壳金钱龟对治疗奇难杂症、抗癌、解毒、消炎、益肝和补肾效果尤为明显。现代中医也用龟板作为改善体质、养阴、清热、解毒、益肾和养颜的方剂。

3. 观赏和文化价值　金钱龟外形美观，头顶部呈金黄色或灰黄色，背甲棕红色或棕黄色，具有川字形黑色纵纹，腹甲黑色，四肢橘红色，金钱龟独具特色的外形，深受人们的喜爱。金钱龟向来都有富贵吉祥、健康长寿、生钱之龟之寓意，加上金钱龟与"金钱归"谐音，深受香港、广东、澳门、台湾等省份和地区的欢迎，随着时间的推移，龟文化传入内地，消费量大增。

五、养殖模式

金钱龟是极为昂贵的珍稀龟种，数量极少，因此，养殖模式以室内、庭院、露台楼顶仿生态养殖为主。各种养殖模式根据场地大小，均可采用多种养殖设施，可因地制宜地灵活设置，通常有水盆、养殖箱、不锈钢温箱（也称龟舍）和水泥养殖池等。养殖环境布置一些水生植物、阴性植物和沙石、流水，模仿自然环境。

（1）水盆主要用于刚孵化出来的龟苗的暂养和稚龟养殖，一般为半径 30 厘米以上、壁高 20 厘米以上的无毒塑料盆或烧制的瓦盆。为充分利用空间，也可利用铁制或木制的支架进行多层放置。

（2）养殖箱是幼龟养殖、幼龟越冬时常用的养殖设施，也可用于成龟和种龟养殖，其内壁光滑，根据空间可以设置多层。简易养殖箱只有进、排水装置，在箱底设置排水装置。如需要加温，可自行加装红外线加温灯或在水里安装加热管。

（3）不锈钢温箱（龟舍）是室内养殖金钱龟常用的养殖设施，用不锈钢制作。根据养殖要求和养殖场所的大小，可以设置多层，每层养殖池上方都安装紫外灯、照明灯和保暖灯。紫外灯用于消毒和增加龟合成维生素 D，有利于钙的吸收，预防软壳；保暖灯主要用于冬季加温，使金钱龟能够全年快速生长。龟舍每层的面积可根据场所大小而定，一般为 $1\sim3$ 米^2，层高 $30\sim40$ 厘米，池底略有倾斜，排水孔在最低处。另一端设置 1 个饵料台，台高 15 厘米左右，有小坡度与池底相连。

（4）水泥养殖池主要用于养殖成龟和种龟。水泥池可建在室内、庭院、楼顶和露台，为砌砖结构，水泥釉面，或表面贴瓷砖，使池底、池壁平滑，池底有一定坡度，排水口在最低处，设置操作方便的进、排水设施。养殖池形状可根据养殖场所的特点进行建设，一般为长方形水泥池，面积为 $1\sim10$ 米^2，池壁高 1 米，池壁顶部内侧做成半 T 形，以防金钱龟逃逸。池底的一端（约 2/3 处）做成斜坡，设置饵料台，面积大的养殖池可在饵料台一侧设置产卵池。深端蓄水深度 35 厘米左右，安装排水口。养殖金钱龟后，在池内和池壁上无规则地放置一些遮蔽物和植物盆栽，以模拟野外的自然环境，让金钱龟在安静舒适的状态下生长。室外水池应有遮阳设施，也可搭建遮阳棚或模拟野外的自然环境在池上放置花草盘景，在池内可养殖水生植物。

六、养殖技术

1. 种龟养殖

（1）种龟选择　种龟来源有野生和人工饲养两种，无论选择哪种，都要选择健康的龟，外形匀称，色彩鲜艳，花纹清晰，身体肥壮，眼睛有神，牵拉四肢感觉非常有力，无断尾现象。要注意的是，人工饲养条件下，龟生长速度较快。若选择人工饲养的龟，在选龟时，不能仅以龟的个体重为准，而应以龟的年龄为主，龟的体重只作为辅助条件。

另外，雌、雄龟的投放比例以 2∶1 为好。如果雄龟过多，交配季节易引起雄龟之间的争斗，严重时双方均咬伤；如果雄龟较少，将影响受精率。

（2）种龟放养　种龟放养前，首先要把养殖设施消毒好，布置好养殖环境。养殖环境尽量贴近金钱龟野生环境，以"绿色、自然、生态"为宗旨。养殖设施消毒的方法：水泥池最好先曝晒 3～5 天，然后用石灰水或漂白粉水浸泡 3 天，排掉后再进新水。放养密度以每平方米 1～3 只为宜。饲养密度过大，不仅水质容易污染，而且最主要的是会影响种龟交配，影响受精率。放养时，将种龟放在陆地部分，使其自行爬入水中。

（3）饵料投喂　食物种类以动物性食物为主，植物性食物为辅。动物性食物主要采用贝肉、小鱼、小虾和蚯蚓等，因地制宜，就地取材，如贝类中田螺、河蚌和牡蛎均可，鱼肉采用罗非鱼、草鱼、泥鳅、鲻及鲜活小杂鱼均可；植物性食物以水果、蔬菜为主，如香蕉、芭蕉、苹果、葡萄、西瓜、桑葚和南瓜等为主。无论哪种食物，都要清洗干净后再投喂。

金钱龟不太贪吃，投喂次数根据温度和实际情况调整。一般 23～30℃时 3～4 天投喂 1 次，投喂量以 2 小时内吃完为宜，一般投喂量占龟体重的 3%～5%。投喂饲料坚持定时、定量、定质投喂，让龟吃好吃饱。冬眠期，金钱龟无摄食行为，不必投喂。

（4）日常管理

①观察测定水质：饲养池水色以淡绿色为好，如水色为褐绿色或蓝绿色，表明水质过肥，氧气不足，应及时换水。水泥池水应定期更换。换水的间隔时间，视水质、季节而定。一般夏季每天换 1 次，每次换去 20%～30%；春、秋季 3～5 天更换 1 次；冬季少换水或不换水。

②疾病预防：为防止金钱龟在养殖过程中出现疾病，必须做好预防工作。具体做法是：每 2 周用 10 毫克/升的漂白粉溶液或 2% 的食盐水整池浸洗、淋浴龟体 5～10 分钟，以防治常见的细菌性疾病；用浓海带浸出液（每 10 千克水中浸泡切碎的干海带 100 克）整池浸泡或淋浴龟体 1～10 分钟，以防治金钱龟大脖子病的发生。特别是发现金钱龟的食欲下降、行动迟缓时，用浓海带浸出液浸浴龟体 10 分钟，可以提高金钱龟的食欲，防病效果好。此外，通过晒背，也可以起到杀菌作用，为龟体体表的维生素 D 源转化为维生素 D 创造了条件，增强龟体的抗病力。

2. 稚龟培育　刚出壳的稚龟仍带着 1 个卵黄囊，在 2～3 天内，稚龟的营养由此卵黄囊供给，所以不需给稚龟投喂饲料。稚龟的特点是适应力和抗病力都较弱，要特别注意护理和搞好清洁卫生，用 0.5% 的生理盐水浸洗稚龟片刻，进行消毒，以利稚龟生长发育，防止染病。然后放入室内铺有潮湿细沙的饲养箱中，饲养箱内水位不宜过高，通常 0.5 厘米水深即可。也可以在养殖箱一端下面垫上砖石，使养殖箱倾斜，形成半边有水、半边无水的状况。

饵料投喂在 2～3 天后开始，这时稚龟卵黄囊吸收完毕，肚脐开始愈合。投喂的食物主要有碎鱼肉、肉泥和虾碎肉等。每天投喂 2 次，早晚各 1 次，投喂半小时后换水。冬季注意保持温度在 27～30℃。饲养 1 周后，选择脐部收敛良好、无损伤、无畸形的稚龟，稚龟要活泼、健壮、反应快、体表洁净、双眼有神、四肢灵活有力，移入室外饲养池饲养；而对身体较弱的稚龟仍要继续单独护理，加强饲养。投喂鱼、虾、蚯蚓、水蚤、水蚯蚓、黄粉虫和瘦猪肉等动物性饵料，并搭配瓜、果、青菜和嫩植物等植物性饵料。

3. 幼龟养殖

（1）苗种选择与放养密度　稚龟培育过冬后，即进入幼龟的养殖阶段。选择规格一致、龟体完整、健壮活泼、头颈和四肢收缩灵活、双眼有神、爬行迅速、无疾病、无损伤和无畸形的幼龟。

金钱龟庭院养殖时的放养密度，可以参考以下数据：个体体重 50 克以下时，放养密度为 30～50 只；个体体重 50～150 克时，放养密度为 20～30 只；个体体重 150～300 克时，放养密度为 10～20 只；个体体重 300 克以上时，放养密度为 5～10 只。

（2）放养前的准备工作　放养前须进行养殖池消毒，可用每升 20 毫克的高锰酸钾溶液浸泡 24 小时以上，也可用浓度为每升 100 毫克的漂白粉水溶液彻底消毒养殖池 12 小时，并用药液刷洗池底、池壁，然后把药液排出池外，并用清洁水冲洗干净养殖池内的残留药液。

龟体消毒在苗种放入养殖池饲养前，用浓度为 3%～5% 的食盐水浸泡苗种 5～10 分钟进行龟体消毒，浸泡消毒时要求消毒液必须没过龟背。

（3）饲料种类和投喂方法　北京市水生野生动物救治中心进行了 3 种不同饲料养殖金钱龟效果的对比，一组采用泥鳅，另一组采用一半泥鳅加一半龟配合饲料，第三组采用龟配合饲料。试验结果表明，前两组的增重率明显高于配合饲料组，体色和抗应激能力也较好。配合饲料养殖效果不好的原因是，对龟类营养学的研究尚不够深入，当前所售饲料不能满足金钱龟的营养需求。但配合饲料养殖成本低、储存方便、日常管理简单，研究优质龟饲料是养龟业的迫切需要。

目前，金钱龟的经济价值较高，养殖规模不大，因此人工养殖一般只考虑把金钱龟养好，不在意饲料成本。黄伟德建议，投喂鱼、虾、蚯蚓、水蚤、水蚯蚓、黄粉虫和瘦猪肉等动物性饵料，并搭配瓜、果、青菜和嫩植物等植物性饵料。投喂按照"四定"原则，稚、幼龟每天投喂 3 次，将饲料固定投放于饲料台上，日投喂量占龟体总重的 5%～10%，以投喂后 30 分钟内吃完为宜。投喂的饲料要切碎或搅拌成肉糜，要求软、嫩、新鲜和适口。体重 150 克以上的商品金钱龟，每天投喂 2 次，根据天气、水温等适当调节投喂量，日投喂量占龟体总重的 1%～5%，以投喂后 1 小时内吃完为宜。小型动物性饵料直接投喂，大的动物性饵料要切成小块或搅拌成肉糜后投喂，植物性饵料（如嫩叶、去皮瓜果）直接投喂。投喂应以动物性饵料为主，植物性饵料的投喂量约为投喂总量的 20%，动物性饵料和植物性饵料不宜同时混合投喂。

据刘平报道，金钱龟幼龟养殖时，动物性饲料选用瘦猪肉、动物内脏、鱼、虾和贝肉等，植物性饲料选择香蕉（去皮）和苹果等。从观察金钱龟的吃食情况可知，金钱龟最喜食动物性饲料的瘦猪肉和植物性饲料的香蕉。投喂次数根据温度调整，室内气温在 25℃ 以下和 30℃ 以上时，每天 9：00 投喂 1 次；室内气温在 26～29℃ 时，每天 9：00 和 18：00 各投喂 1 次。日投喂量占金钱龟体重的 5%，要根据实际吃食情况随时调整，每次投喂量以投喂后 1 小时内吃完为宜。投喂 1.5 小时后清除残饵，擦洗饲料台。

（4）日常管理　加强养殖巡察，每天投喂饲料时认真观察金钱龟的摄食、活动和生长情况，注意做好防敌害、防逃和防盗工作。

金钱龟养殖，可选择洁净的江河水、水库水、井水和自来水为水源，但井水和自来水最好在室外蓄水池中曝晒 2 天以上再使用。加强水质管理，保持水温稳定，养殖适宜水温为 25～30℃。夏季一般每天换水 2～4 次；春秋冬三季可少量换水，2～3 天换水 1 次，主要视水质、天气情况灵活掌握换水量；换水时要防止水温突变，换水前后的温差不能超过 2℃；换水的同时清洗饲料台，清除池内污物和残饵。

注意定期消毒，养殖期间每月消毒 2 次，可在投喂前用 3% 的食盐水对养殖池和金钱龟浸泡消毒 5～10 分钟，每月 1 次。隔离养殖龟后用 15 毫克/升的高锰酸钾溶液对养殖池浸泡消毒 5～10 分钟，并刷洗池底、池壁。

室内养殖应创造条件让龟晒背，每隔 2 周把养殖龟置于室外干沙池中晒背

1 次，以 9：00～10：00 阳光充足时晒背为好。夏、秋季每次晒背 20～30 分钟；冬、春季每次晒背 30～60 分钟。通过晒背，既可起到杀菌作用，又可增强龟体的抗病力。也可以通过人工的方法，在养殖池上方吊装电灯泡来调节光照和温度。

加强夏季的养殖管理。夏季室外养殖池要做好防晒工作，搭建遮阳棚，模拟野外的自然环境在养殖池上放置花草盘景，在池内养殖水生植物，室内养殖时要注意养殖空间的空气交流。总之，要保证养殖水温不超过 32℃，防止金钱龟中暑。

冬季气温低时室内可利用加温设施，保持气温 26～30℃、水温 26℃左右的情况下可正常进行养殖。没有加温设施而气温在 15℃ 以下时，可让养殖的金钱龟自然冬眠。冬眠前应确保投喂饲料的质量，保证金钱龟有营养的越冬储备，视龟体大小在养殖池内铺设 10～30 厘米厚的细沙或干草。有条件时可在室外养殖池上搭建保暖棚，保暖棚可用塑料薄膜铺设，并预留通气孔。冬眠期间，应停止投喂和换水，保持养殖环境的清洁、安静，并注意监测气温变化，保持水温在 7℃ 以上。

4. 病害防治 养殖期间，做好病害防治工作，要树立"预防为主、防治结合"的思想。龟病防治，保持水温恒定和水质良好，饲料中适当添加维生素和矿物质。养殖池每隔 30 天左右、工具每隔 7 天左右用 20 毫克/升高锰酸钾溶液进行消毒。养殖管理中，要小心操作，防止龟体受伤，发现伤龟和病龟应及时隔离治疗。

金钱龟的主要敌害有老鼠、蛇和蚂蚁等，这些敌害大多与金钱龟一样，昼伏夜出，把龟腹甲咬伤致死。防范的办法是建好围墙，堵塞洞穴。

金钱龟易发生的 4 种疾病及防治方法：

（1）红脖子病

【症状】该病多发生在梅雨季节。病龟咽喉和颈部异常肿胀，脖子伸长而不能伸缩自如，食欲减退，腹部出现红色斑点，反应迟钝。病情严重时，口鼻出血，肠道发炎糜烂，全身红肿，不久死亡。

【防治方法】一旦发现该病，应立即隔离治疗，并用生石灰消毒龟池，更换新水；用金霉素或土霉素等抗生素治疗，每千克龟在腿基部注射 15 万国际单位。

（2）水霉病

【症状】水霉菌常寄生于龟颈部及四肢、腹板或背甲，最初病龟食欲减退，活动不安，发展到消瘦无力，严重时长满全身，壳被腐蚀变软变薄，行动迟钝，以至停食，最后死亡。

【防治方法】发现该病时，让病龟上陆地活动、晒太阳，减少水霉菌滋生的环境条件。龟池全部换新水，并用3%～4%的食盐加1.5%的小苏打浸浴龟消毒杀菌；用15～20毫克/升的高锰酸钾溶液浸浴病龟10～20分钟，每天1次，连用2次。

（3）龟腐皮病

腐皮病是水栖龟类发病概率较高的一种病害。研究资料显示，该病由嗜水气单胞菌、假单胞杆菌等多种细菌引起，病症轻时能稚鱼，严重时死亡率很高。

【症状】全身软组织均可患病，患部表皮发白，肉眼看到龟四肢、颈部、尾部、裙边等皮肤腐败，糜烂坏死，严重时四肢皮肤烂掉，爪也脱落，骨骼外露。

【防治方法】发现该病首先及时隔离。治疗方法有：每立方米水体用10克磺胺类药物或抗生素浸洗龟体48小时，初发病时每周2～3次，1个月可治愈；清理表皮溃烂物，用金霉素软膏涂抹，每天1次。同时，在饲料中添加土霉素，如果龟已经不吃食，则用土霉素溶液浸泡40分钟。

（4）毛霉菌病

【症状】病龟四肢、裙边等处出现斑点，早期表现在边缘部分，以后逐渐扩大，形成一块块白斑，表皮坏死，或有部分崩解，食欲减退，躁动不安。该病一年四季均可发生，但以4～6月最流行。

【预防方法】保持优良水质，是预防毛霉病发生的有效方法。用生石灰彻底消毒龟池，经常泼洒有益微生物，使池水保持嫩绿色，可减少该病发生。

【治疗方法】可用2～5克/米³的亚甲基蓝药浴15小时，当病龟体白斑全部脱落后，将药液排掉，重新放入新水至养殖水位。

第二节 黄喉拟水龟

黄喉拟水龟（*Mauremys mutica*），俗称石龟、石金钱和断板龟，为地龟科、拟水龟属的爬行动物（见彩图2）。黄喉拟水龟是水龟中最原始最古老的种类之一，民间素有"古石龟"之称。分布于越南、日本、中国大陆的东部、南部及台湾省等地。常见于丘陵地带半山区的山间盆地或河流谷地的水域中，栖息在附近的小灌丛或草丛中。黄喉拟水龟对栖息地的食物、水质及气候环境等都有很强的适应能力，还具有耐热、耐寒、耐饥渴的特点，是生命力极顽强的龟种之一。由于其具有较高的食用、药用和观赏价值，需求量逐年增加，价格上涨幅度较大，调动了人们养殖的积极性。

一、形态特征与种群

黄喉拟水龟最大的特征是有一副几乎是全黑色的腹甲。因为和三线闭壳龟的黑色底板很相近（而南方地区只把三线闭壳龟才称作金钱龟），所以两广民间亦称这种全黑色底板的石龟为正宗"金钱底黄喉拟水龟"，也是南方部分地区把黄喉拟水龟统称"石龟""石金钱"的原因之一。黄喉拟水龟甲长15～20厘米，头小，头顶平滑，橄榄绿色，上喙正中凹陷，鼓膜清晰，头侧有2条黄色线纹穿过眼部，喉部淡黄色。背甲扁平，棕黄绿色或棕黑色，具3条脊棱，中央的1条较明显，后缘略呈锯齿状。腹甲黄色，每一块盾片外侧有大墨渍斑。四肢较扁，外侧棕灰色，内侧黄色，前肢5指，后肢4趾，指、趾间有蹼，尾细短。

由于黄喉拟水龟的自然栖息地是跨纬度远距离分布，且分布的范围非常广阔，所以，自然地形成了南北种群之间比较明显的差别。南北种群的黄喉拟水龟底板斑纹差异，在同种属的龟中算最大的。分布于偏南方亚热带一带的黄喉拟水龟底板黑斑的斑块，比分布偏北方的温带黄喉拟水龟的底板黑斑的斑块要大些，并成大弧度马蹄形；而分布温带的北种黄喉拟水龟的黑斑块较小，成无弧度的直排列，且前后黑斑之间多数不连贯。更有些北种黄喉拟水龟的底板，黑斑也逐渐退化成只有小点不明显的黑斑痕迹，或成完全无黑斑的底板，俗称"象牙板"。养殖户所说的南种，是指分布于中国南方的广东、广西、海南和越南境内的黄喉拟水龟；分布于北方各省的称为北种（也叫小青头）；还有一种叫大青头，主要分布在台湾和福建。价格方面，南种高于大青头，大青头高于北种。黄喉拟水龟的体色，基本形成南深（色）、北浅（色）的趋势。甲壳颜色：南种大多偏棕黑色、北种棕灰色较为普遍。头色：由南至北的颜色也是由深向浅的走向，为深绿、灰绿和浅绿。当然，同一地域的种群也会有一些差异，这除了龟类遗传基因的因素外，与栖息地环境、食物及光照等都有很大的关系。

二、生活习性

黄喉拟水龟抗病力强，能耐饥寒，是水陆两栖动物，但较多栖息于水中生活。野生的黄喉拟水龟栖息于丘陵地带、半山区的山涧盆地和河流水域中，野外生活于河流、稻田及湖泊中，也常到附近的灌木及草丛中活动。白天多在水中戏游、觅食，晴天喜在陆地上，有时爬在岸边晒太阳。天气炎热时，常躲于水中、暗处或埋入沙中，缩头不动，怕惊动，一旦遇到敌害或晃动的影子，立即潜入水中或缩头不动。夜间出来活动、觅食。黄喉拟水龟杂食性，取食范围广，喜食鱼虾、贝类、蜗牛和水草等食物。黄喉拟水龟于每年的 4 月底至 9 月底活动量大，最适环境温度为 20～30℃，15℃左右是龟由活动状态转入冬眠状态的过渡阶段，10℃左右龟进入冬眠。3 月底，温度 15℃左右时龟虽苏醒，但只爬动，不吃食；到 4 月，温度升至 20℃左右才吃食。冬眠后的龟，体重减轻 50～100 克。

三、繁殖习性

雄性龟个体重达 250 克性成熟，背甲较长，腹甲凹陷，个体大，此凹陷愈明显，尾较长，泄殖孔离腹甲后缘较远；雌性龟个体重达 300 克性成熟，背甲宽短，腹甲平坦，尾短小。每年 4～8 月为产卵期，一般身体和营养状况都良好的雌龟，一年可产 1～3 次卵，每次产卵 1～10 枚。龟卵孵化采用室内常温方法较为理想，一般经 55 天的孵化，可分批孵出稚龟。

四、养殖模式

黄喉拟水龟的养殖比其他名贵的龟普遍，种群数量较多，养殖方式更是多样化。大规模养殖主要有大池塘养殖和工厂化养殖两种模式；池塘养殖分为集约化池塘养殖和池塘生态养殖；工厂化养殖分为未加温工厂化养殖和工厂化控温养殖。小规模养殖，主要有室内养殖、庭院养殖和楼顶露台养殖；小规模养殖设施，分为水泥池和养殖箱两种。

1. 工厂化控温养殖模式　黄喉拟水龟的生长与温度密切相关，其最适生长温度是 25～32℃。在适温范围内，温度越高，生长速度越快。在自然温度下养殖，黄喉拟水龟的生长速度呈现周期性变化，即在冬眠期生长停止；冬眠期前后的 1～2 个月生长缓慢期，其他时间为快速生长期。在长江流域的省份，约有半年时间生长速度缓慢，即使在我国亚热带地区，如湖南、江西、四川三省的南部以及福建、广东、广西、海南北部，也有 3～4 个月生长速度缓慢甚至停止生长。因此，采用加温方法养殖，可加快黄喉拟水龟的生长速度，缩短养殖周期，提高黄喉拟水龟的养殖经济效益。

研究报道，工厂化温室为人工建造的封闭性控温温室，内设水泥池，单池面积 30 米²、池深 50 厘米、水深 30 厘米，池中设饲料台、水泥瓦栖息台、排污器、增氧设施和进出水管道等养殖设施。温室增温，用国家标准锅炉蒸汽制热、管道送热。

赵春光报道了低碳节能型工厂化控温温室，由保温温室、养殖池和养殖设施组成。保温温室长 40 米、宽 12 米、中心高 2 米，墙体高 50 厘米，其中，墙体和屋顶要用保温材料密封，屋顶可采用半圆顶或人字顶，屋顶中间要有 1～2 米的采光带。屋顶的保温结构为：第一层为塑膜，第二层和第三层为厚 3 厘米的保温泡沫板，第四层为塑膜，第五层为防水篷布；墙体为砖结构，中间夹一层厚 5 厘米的泡沫板。半采光温室增温采用低碳型水空调增温，主要设施有水空调、进出水管和水井，这种增温设施不但节能而且无污染。池中还有去污器、进排水管道、饲料台、栖息台等设施。养殖池采用单层双列式，即中间为排水沟，两边为培育池塘。池塘长 10 米、宽 5 米，中间过道宽 1 米，一般采用砖砌墙、水泥沙浆抹面的方法。

2. 广东、广西"两头加温"养殖模式 控温养殖法养殖效果虽然好，但是成本高，不适合一般的养殖户。在广东、广西和海南，由于寒冷时间短，没有必要花费高额代价建造温室养殖。为节约成本，同时又能延长黄喉拟水龟的生长时间和提高生长速度，只在一年当中的早春、晚秋和冬季加温，其他时间自然温度，这种养殖方式称为"两头加温法"，适合广东、广西和海南等省。按一年四季的变化，在早春、晚秋和冬季的水温低于 25℃时，在池的顶部用塑料薄膜盖住保温，池内水体用恒温电热加温棒加温，使水温保持在 25℃以上，并进行正常的投料和日常养殖管理。其余季节在水温高于 25℃时，进行常温养殖，养殖效益显著提高。

3. 庭院生态养殖模式 在庭院开展生态型养殖，占地小，投资少，见效快，可以获取较好的经济效益。养殖池可大可小，一般以 5～30 米² 为宜，形状不拘，池深 0.7～1.3 米，四周和池底用砖砌成后用水泥抹平。幼龟培育池子要建得小一些、浅一些；种龟养殖池要建得大一些和深一些，在向阳一侧的池边陆地上，建 1 个面积为 5 米² 的产卵场，上铺松软沙土，在产卵场上方搭建一人高的防雨棚，四周栽种些低矮的花草。池底填上厚度为 0.2 米的泥土，然后向池中注入清洁的河水，水深 0.5 米，放入 10～20 千克田螺、5～10 条泥鳅、10 条鲤，用 30％左右的水面种植水葫芦，以利龟隐蔽和遮阳。

五、养殖技术

1. 稚、幼龟培育　稚龟：是指当年孵化出的龟苗，直至过冬前这一生长阶段的龟苗，统称稚龟。稚龟出壳时，用头或前肢顶破卵壳，从壳中爬到沙面。刚出壳时稚龟重 6～10 克，体质嫩弱，应经 2～3 天休息后才能接触水（用 40 毫克/升的高锰酸钾溶液浸泡消毒 30 分钟），然后放入稚龟池培育。稚龟饲料可采用蛋黄碎或猪肝泥，少食多餐，并保证水质良好。幼龟：过完冬后，直至长成 500 克龟前这一生长阶段的龟叫幼龟。稚龟适应环境的能力和生命力都较弱，幼龟介于稚龟和成龟之间，不大不小，也须精心培育。

（1）稚龟暂养　气温 28～32℃时，孵化时间约需 65 天。稚龟出壳后，先放在垫湿布的托盆中，待卵黄囊收敛后放入光滑小塑料盆内，置于温室内暂养。塑料盆水深 2～4 厘米，用碎鱼肉、水蚯蚓和青虾等投喂。5～7 天后，移入稚龟养殖池中饲养。

（2）稚（幼）龟水泥池的建造　稚（幼）龟池主要用于培育稚龟及幼龟。稚龟池的大小视养殖规模而定，从 5～10 米^2 等规格均可。稚龟池一般为水泥结构，池底 3/4 为有水区（水深 20～30 厘米），1/4 为陆地部分，有水区池底与陆地呈 30°坡度。稚龟池四面墙面必须光滑，50 厘米以上的高度，严防稚、幼龟"叠罗汉"逃走。龟池上方拉遮光网遮阳。稚龟池要有良好的进、排水设施，进、出水口有防逃栏栅，龟池上方加盖铁丝网，严防老鼠等敌害的侵袭。

（3）放养前准备　放养买龟之前，必须先消毒龟池（用 40 毫克/升的高锰酸钾溶液浸泡 30 分钟），然后排干池水，曝晒龟池 2～3 天，药效消失后再注入新鲜水。幼龟入池前，需用 2 毫克/升的高锰酸钾溶液浸泡消毒。

（4）稚、幼龟挑选与放养　黄喉拟水龟抗病力强，容易饲养，但引种不当，也易导致不必要的损失。对龟种或龟苗的要求是：肉眼观察其无伤残，活动旺盛，反应灵敏；避免经过长途运输，以防挤压受伤。刚买回来的龟，必须休息 2 小时以上，适应当地气温及环境后，再进行消毒，然后放入龟池内饲养。

健康的幼龟应具备三个条件：①反应灵敏，两眼有神，四肢肌肉饱满、富有弹性，能将自身撑起行走而不是腹甲拖着走；②将龟放入深水中，龟能下沉；③体表无创伤和溃烂。

稚龟的放养密度为每平方米20只稚龟左右，幼龟放养密度为每平方米5～8只。黄喉拟水龟喜欢水，平时多在水中生活，水池因此可适量放置水浮莲，水浮莲覆盖面积约占水面的2/3。水浮莲既可为稚、幼龟提供隐蔽场所，又可吸收水中的部分有害物质，夏天还可吸收大量的太阳辐射热能，有效降低水温。

（5）饲养管理

①投饵：黄喉拟水龟为杂食性，取食范围广。在人工饲养条件下，可投喂小鱼虾、家禽内脏等动物饵料。

然而动物性饵料，除来源易受季节限制外，还容易携带寄生虫和病菌，导致龟病害发生。配合饲料营养全面、供应有保障、不携带病原，是黄喉拟水龟规模化养殖所需要的。然而，至今尚未研究开发出黄喉拟水龟的人工配合饲料。有研究报道，分别采用鳙鱼肉、配合饲料、黄粉虫作为饲料，在塑料箱中来养殖黄喉拟水龟稚龟。经过长期养殖对比三种饵料的养殖效果，结果表明，增重率最快的是鳙鱼肉组；黄粉虫组增重率最小；配合饲料组成活率最高、饲料系数最低，而生长速度居中。综合考虑，采用配合饲料效益最高。

用中华鳖配合饲料、蚯蚓、鲢鱼肉、福寿螺肉和河蚌肉，分别投喂黄喉拟水龟54.5～57.3克的幼龟，养殖150天，投喂中华鳖配合饲料的黄喉拟水龟，其增重速度最快，平均日增重和蛋白质效率都最高，其后依次是：蚯蚓＞鲢鱼肉＞福寿螺肉＞河蚌肉；从饵料成本看，投喂福寿螺肉成本最低，其后依次是：中华鳖配合饲料＞蚯蚓＞河蚌肉＞鲢鱼肉。实验证明，在没有黄喉拟水龟专用配合饲料之前，采用中华鳖配合饲料是养殖黄喉拟水龟较好的饵料。如果蚯蚓、福寿螺、河蚌来源方便，作为配合饲料的补充，混合投喂，养殖效果会更好，也会带来良好的经济效益。

黄喉拟水龟在水中觅食，故食物宜放在水边的食台上，投喂的数量以龟吃不剩为宜，一般为龟体重的5%。投喂时间因季节而异，4、5、10月宜在中午前后；6～9月宜在8：00～9：00或18：00左右；7月是龟产卵旺季，应增加投喂量。

②水质管理：小面积饲养池每周换水，大面积池塘应每2～3天排出部分老水，加入新水，并每周用10毫克/升的生石灰水泼洒。

③日常管理：日常管理中应做到勤巡查、勤记录。巡查可以了解龟的活动生长进食情况，每天早晚各 1 次，随机抽查 2～3 只龟的健康情况，并对气温、水温、活动、患病和进食等一一记录。

2. 成龟与种龟养殖　成龟多指 500 克以上、接近或达到性成熟的龟。成龟对环境的适应性强，生命力旺盛，不易死亡。

（1）养殖池建造

①成龟水泥池的建造：成龟池的建造可参考稚龟池的方法，不同之处是成龟池必须由水池、运动场（陆地）和产卵场三部分组成，其中，水池占整个龟池的一半面积，活动场和产卵场各占剩余面积的一半。为了节约土地，可以把活动场和产卵场合二为一，架设在池子上方，约占面积的 1/3，用水泥板、木板、竹筏把上下两层连接起来。水深要求 30 厘米以上。成龟池可用来养殖成龟和种龟。龟池四周可以种植少量遮阳植物。

②成龟池塘的建造：要建在水源充足、水质良好的地方，土质保水性能良好（如黏壤土或壤土），排灌方便，所处环境温暖、安静，避免在交通线、工厂等影响较大的地方建造龟池。

（2）放养前准备　买龟之前，必须对龟池先进行药物消毒，然后排干池水，曝晒龟池 2～3 天，药效消失后再注入新鲜水；对买回的龟进行消毒后，即可放入龟池内饲养。种龟要求体型均匀、体健、活动灵敏、四肢无残、无断尾巴、皮肤光亮等。选好种龟后，要经严格消毒处理。将种龟用 40 毫克/升的高锰酸钾溶液浸泡 30 分钟后，才能放入种龟池内饲养。种龟经过消毒后即可入池精心培育。放养密度：一般为每平方米水面放养 500 克重种龟 5 只左右。适当减少放养密度，有利于种龟的生长、发育和繁殖。

（3）饲养技术　种龟入池的第 1～2 天不用喂饲料，从第 3 天开始，用少量鱼虾等新鲜的动物料来诱食，量从少到多，入池 10 天后种龟逐渐转向正常取食。种龟入池后的 10 天内，种龟池周围环境要保持安静，使种龟尽早适应新环境。

①饲料的选择：保证种龟饲料蛋白质含量较高，营养成分必须更全面，以满足种龟繁殖所需营养。黄喉拟水龟是杂食性龟类，对饲料适应性强、范围较广，兼食动物性饲料和植物性饲料。当前，大部分养殖场采用配合饲料养殖成龟、种龟，或者大批收购不符合加工规格的罗非鱼，把鱼打碎后和植物性原料搅拌在一起制成饲料投喂，动物性饲料占六成、植物性饲料占四成。此外，不管投喂哪种饲料，都应该适度添加一些维生素、矿物质等，以

保证营养全面。

②日常管理：管理人员在每次喂龟时，要仔细观察种龟活动及取食情况；应勤动手、勤观察。黄喉拟水龟喜欢清洁，对水质要求较严。加上此龟多数时间生活在水中，水质好坏直接关系到龟的健康、食欲和繁殖等。龟池用水能见度保持在25厘米以上、池水呈浅绿色为宜。池水过于清澈，会使龟暴露在外界之中，引起龟的不安；池水太混浊，又会危及龟的健康。沙池是龟休息和产卵的重要场所，应经常清理垃圾及龟进食时带来的部分残余饲料。保持沙池清洁，既有利于龟休息和挖穴产卵，又方便收集龟卵，提高产卵数量。日常管理，还要勤于观察龟的取食和活动情况、龟的排泄物正常与否、龟的精神状况和反应灵敏程度等，一旦发现有不正常之处，应及时作出相应处理。此外，还要依据龟的活动规律分季节进行管理，定期对龟池进行消毒（夏季尤其需要），对龟进行洗、擦、浴等处理。繁殖季节还要注意雌龟是否产卵、产卵场内沙的湿度是否符合要求等。

3. 病害防治

【病害预防措施】养殖箱或室内小水泥池养殖，要勤刷箱体、池，适时换水，以保持水质清洁。每次换水时用盐擦刷养殖设施，换水后可放入少量的盐（盐的比重以人口尝感觉不出咸为准）。每次换水时，可用刷子轻轻擦拭龟背、腹甲，既有清洁龟体的作用，也可增强人、龟之间的互动。总而言之，龟疾病预防的关键在水质。

黄喉拟水龟体格较健壮，一般较少感染疾病。若发现有病龟，应及时隔离，进行治疗。一般伤龟或次品龟，宜作食用或出售处理。饲养黄喉拟水龟要常备高锰酸钾、漂白粉、土霉素、聚维酮碘、红霉素软膏等药物，用以龟池消毒、龟体外伤消毒及治疗等。红霉素软膏是好东西，也可定期用它擦拭龟甲，对防治腐、烂甲有奇效。此外，龟场要保持清洁，适时杀灭蚊、蝇等害虫，保持龟池内水池、食台、沙地的整洁。

【病害诊治】黄喉拟水龟患病后会有异常表现，因此平时要多注意观察，包括摄食是否正常、活动是否灵敏，游动是否正常，是否有漂浮于水面或在水面游爬不能下沉的龟，眼部是否有白点、肿大、充血等症状，大便状态和颜色是否正常，口鼻是否有黏液等，发现异常龟要及时隔离治疗。下面列举一些常见病及治疗方法：

（1）软壳病　由于长期投喂单一饵料，缺乏维生素D、或者钙磷含量不足引起。此病多发生在稚龟、幼龟阶段。

【症状】病龟四肢关节粗大，不爱爬动，不主动觅食，背壳在生长过程中出现凹凸不平的弯曲变形，甲壳变软，严重者指、趾脱落。

【防治方法】在饵料中增加动物内脏、滴入少量鱼肝油；在饲料中添加虾壳粉、贝壳粉、钙片、维生素 D；定期让稚龟晒太阳；患有慢性疾病的龟，应及时治疗，病龟口服乳酸钙片，每天 2 次，每次 1 片，连服 1 周。

(2) 肠胃炎

【病因】主要由大肠杆菌等引起。

【症状】病龟目光呆滞、无光彩，身体消瘦，不爱爬动，腹泻。

【防治方法】此病是饵料变质或饵料受污染所致，环境突然变化、空气污浊、饮水不洁均可致稚龟发病。用 1 毫克/升的高锰酸钾溶液浸泡病龟 30 分钟后，投喂混合有少量土霉素或环丙沙星的饵料。

(3) 白眼病　又称肿眼病，水栖龟发病率较高。

【症状】病龟眼部发炎充血，逐渐变为灰白色而肿大，不能睁开，严重时下眼睑内有豆渣状和液体分泌物，可双目失明，呼吸困难而死。发病后的龟用前肢擦眼部，不能摄食。

【防治方法】用 2.5 毫克/升的漂白粉全池遍洒消毒水体；发病初期可用利福平、金霉素眼膏或眼药水涂（滴）眼部，每天 2 次。病情严重时，可用链霉素腹腔注射，每千克体重用量为 20 万国际单位，如果龟已停业摄食，可加入适量葡萄糖注射液，以提供能量。

(4) 颈溃疡病

【病因】由病毒及水霉菌并发引起。

【症状】病龟颈部肿大，溃烂，伴有水霉菌着生。患病后的龟食欲减退，颈部活动困难，不吃不动，如不及时治疗易造成死亡。

【防治方法】用 5%食盐水浸洗患处，每天 3 次；用金霉素等抗生素药膏涂抹患处；隔离病龟，以免传染；改良水质，用 2.5 毫克/升的漂白粉全池泼洒消毒水体。

(5) 水蛭病

【病因】因金钱蛭寄生在皮肤较薄的部位而患病。

【症状】病龟反应迟钝，精神不振，易引起贫血、营养不良、病菌感染而死亡。

【防治方法】用 10 毫克/升的高锰酸钾溶液全池泼洒消毒，并用 2%食盐水浸泡病龟 30 分钟。

第三节　安　南　龟

安南龟（*Mauremys annamensis*），属地龟科、安南龟属（见彩图 3）。安南龟属于水栖龟，主要分布在越南中部地区。安南龟是越南特有的龟类，而且仅分布于越南广南省，数量极为稀少，越南已将其列为一类保护动物。2003年，全球龟类保育基金会公布了安南龟为濒危动物，在国际上属国际二类保护动物，在美国华盛顿也首次公布了世界 25 种濒危龟类名单，安南龟名列其中。

一、外形特征

成体安南龟背甲长通常为 13～20 厘米，从外形上看与石金钱相似，以前有不法养殖户冒充石金钱出售。安南龟背甲呈椭圆形，背甲具 3 条纵棱，中间1 条明显。背甲黑灰色，腹甲黄色，每一盾板上有一大块黑斑，这些外部特征与南种石金钱很相似。它们最主要的不同之处：安南龟头顶前部边缘有土黄色条纹，一直延伸至眼后，呈 V 字形；石金钱则没有。安南龟头侧部各有 2 条黄色条纹，从嘴部的上下唇一直伸至眼后，与颈部的橘红色或深黄纵条纹相连；石龟的头部两侧仅有 1 条黄色条纹，条纹较短。

二、生态习性

安南龟在自然界中仅分布在越南中部，喜欢生活在潭水、浅水小溪和缓流的河川及沼泽地中，适合生长的温度为 18～32℃。安南龟在人工饲养下喜群居，有叠罗汉的习性，自下而上由大到小排列。安南龟属于杂食性动物，植物性饲料有水果、菜叶和萝卜等；动物性食物有小鱼、小虾、螺肉和动物肝脏等。

三、繁殖特性

安南龟的性成熟年龄为 4～5 龄，自然界雌雄比例为 1：1，常年均可交配，每年 5～10 月为繁殖期。每年产卵 1～3 次，每次产卵 4～9 枚，卵重 10～20 克，外形长椭圆，灰白色。人工养殖安南龟，雄龟较少，繁殖时成龟雄雌比可按 1：2 或 1：3 配置，以保证有较高的受精率。在自然环境中，交配多在夜间进行。在人工饲养条件下，白天也可见到发情的成龟在养殖池中追逐、交配。

四、养殖模式

安南龟属水栖类，可在池塘、水泥池和养殖箱中养殖，小池可单养，大池可与鱼螺混养。稚龟和幼龟，可在塑料大盆、塑料箱或养殖箱中养殖。

五、养殖技术

1. 苗种培育

（1）稚龟暂养　安南龟稚龟出壳时体重在 6.4～13 克，平均 9.75 克。刚孵出的安南龟稚龟一般先放在塑料盆中，待其卵黄完全吸收后才投喂食物。安南龟苗对开口饵料要求较高，因此，这一阶段要加倍精心护理，配制稚龟喜食又有丰富营养的食物，才能提高成活率。通常，在稚龟出壳后的 1 个月内喂些糠虾、摇蚊幼虫和丝蚯蚓等，也可投喂鸡、鸭蛋类和生鲜鱼片、动物的肝脏等。最好将鱼虾、蛋黄、贝肉搅碎后加入少量的面粉，制成混合饲料投喂，投饵量以稚龟吃剩为准。每天投喂 2 次，上午和傍晚各 1 次，投喂时间一般选择在 7：00～9：00 和 18：00～20：00。1 个月后，稚龟转食鱼肉后不久，就可转入稚龟池或养殖箱饲养。

（2）稚龟培育　由塑料盆转移到室外稚龟培育池时，要特别注意温度是否合适，室内外温差不要过大，因为安南龟稚龟对温度较为敏感，温度过高或过低都会影响其成活率。如果自然温度过高或过低，最好先放在能够调节温度的室内池或养殖箱中进行养殖，温度适合后再转移到室外。若条件所限不能在室内饲养，应对室外养龟池采取降温或保温措施。如加盖遮阳网或种植藤本植物、水面种植水生植物等遮阴来降温，加盖塑料薄膜来保暖防寒。

暂养过的稚龟入池前，用 3%～5% 的食盐水或 1 毫克/升的高锰酸钾溶液浸泡消毒 30 分钟，再放入养殖池。安南龟苗的放养密度，以每平方米水面放养 50～80 只为宜。如果养殖经验丰富，也可放到 100 只。稚龟池水不宜太深，一般在 30～40 厘米。养殖中动物性饵料占 70% 左右，可选择小虾、小鱼、贝肉和畜禽内脏等；植物性饵料占 30% 左右，可选择瓜果、蔬菜及谷物等；也可投喂稚龟配合饲料。饵料放在养殖池斜坡上或饵料台，剩饵要及时清除。投饵应做到定时、定量、定质、定点。

（3）水质管理　安南龟苗对不良的水质环境适应能力也较弱，因此，要经常清除池中残饵、污物，饲养过程中视水质状况定期换水，并用生石灰水、高锰酸钾溶液或漂白粉溶液对水池消毒，以防病害发生。稚龟也要每周消毒1次，可轮换采用食盐水、高锰酸钾或金典（成分为聚维酮碘）浸泡10分钟。注意温度变化不要太大，换水时，新水水温和原池水温不要有差异。最好1周使用1次光合细菌或复合有益微生物，可以保持优良水质，减少换水次数。但使用微生物不要和消毒剂同时使用，使用消毒剂后3天药性消失后，方可泼洒微生物制剂。

2. 成龟养殖　当稚龟长到50克以上的幼龟时，就可以放入室外池塘进行成龟培育。放养温度要在水温稳定在15℃以上，龟单养的放养密度可控制在约2千克/米²，按此标准计算龟的放养数量，随着龟的长大进行分池。如50克左右的幼龟，每平方米可以放养40只；100克的幼龟，每平方米可以放养20只；500克左右的成龟，可放养4～5只。

3. 种龟养殖

（1）种龟放养　以繁育种苗为目的的养殖场，种龟的养殖是关键环节，种龟的质量直接决定着育苗的成败。挑选种龟时，应该选择体格健壮、身体完好无损，外观有光泽、眼有神，对外界刺激反应灵敏，反转背后能迅速翻正。而断尾、断肢会影响龟的交配，是不能用作种龟的。病龟最好不要购买，以免疾病不能治愈造成损失。挑选好种龟后，放养到池之前要先消毒，可以用聚维酮碘、4%的食盐水或1毫克/升的高锰酸钾等消毒液消毒5～10分钟。亲龟的放养密度为每平方米1～2只，雌雄比例一般为3：1。

（2）种龟饲料的选择与投喂　安南龟为杂食性，但偏爱动物性食物，也吃一些植物性食物。可以采用小杂鱼、罗非鱼、牛肝、猪肝、贝肉或者加入粉状饲料，同时，要补充一些蔬菜、水果来增加维生素。如果没有养殖经验，最好使用专用种龟饲料。在喂料时2～3天强化一次营养，在饲料中拌入维生素、不饱和脂肪酸、矿物质，特别是钙质一定要充足，以提高产卵率、产卵的数量和质量。饲料的投喂应做到"四定"，即定时、定点、定质、定量。投喂的饲料要保持新鲜，做到当天加工、当天喂完。龟越冬需要消耗能量，而冬季龟又不摄食，因此越冬前的准备包括强化营养这项工作。越冬前要多投喂一些蛋白质和脂肪含量高的饵料，使龟体贮存更多的营养物质以顺利越冬。饲料要投放在饵料台上，饵料台要分段定点设在紧贴水面的陆地上，便于种龟咽水吞食。

当气温降低到15℃时，安南龟还有爬动、进食现象，但此时不应多喂，最好不喂，以免引起疾病；当温度低于10℃左右，龟进入完全冬眠期。

（3）日常管理　日常管理的主要工作之一是水质管理。有条件的要每周检测1次水质，包括pH、氨氮和有害菌等，也可根据水色和底质情况大致判断。水质管理的核心就是要保持良好的水质，采取的措施有两种：一是利用有益生物净化水质，二是通过换水引入干净水体。一般每7～10天添加1次光合细菌、每个月轮换使用1次生石灰或漂白粉。换水时要注意天气和温度，选择天气晴朗的日子换水，做到天气不好不换水，冬季一般不换水。引进的水和养殖池的水温度接近才能换水，每次换水量不超过20%～30%，避免环境变动较大，引起龟的应激反应。

日常管理的另一项重要工作是观察摄食和活动情况，及时清理残饵，防止水质污染，发现不正常情况及时解决。要经常巡池、防逃、防盗，还应严防敌害（如鼠等）进入龟池。天热时及时加遮阳网或栽种水生植物，天气寒冷时要采取保暖措施。

4. 病害防治　龟类在自然界中生活时，除了经常受到敌害的威胁外，一般很少发生传染性的疾病。但在人工养殖时，由于人工投饵充足、养殖密度增加及残饵污染水质等因素的影响，可导致一些传染病的暴发流行。

（1）白眼病

【病因】初步研究认为水质碱性过重、水温变化大、营养不良或局部受伤感染引发此病，眼、鼻受刺激发炎，继而细菌感染所致。

【症状】病龟眼部发炎充血，逐渐变为灰白色而肿大，鼻黏膜呈灰白色，严重时双目失明，呼吸受阻而死亡。发病后，病龟常用前肢擦眼部，不能摄食。

【防治方法】用金霉素眼药膏、利福平眼药膏或氧氟沙星眼药水，每天3～5次；1.5～2毫克/升的漂白粉全池遍洒消毒水体；1.5～2毫克/升的红霉素全池遍洒，杀灭水中的病原体。

（2）肠胃疾病

【病原】点状产气单胞菌、大肠杆菌等引发。

【症状】食欲不好，食量和肠内充血，反应迟钝。

【防治方法】在饲料中拌入抗生素或磺胺类药物投喂，第一天病龟每千克体重用药0.2克，以后减半，保持水质清洁，0.5～0.8毫克/升的强氯精全池遍洒。

（3）颈溃疡病

【病原】病毒及水霉菌并发。

【症状】病龟颈部肿大、溃烂，并伴有水霉菌着生。发病后龟的食欲减退，颈部活动困难，不吃不动。治疗不及时会引起死亡。

【防治方法】用5％的食盐水浸洗患处，每天3次，用土霉素、金霉素等抗生素药膏涂抹患处；隔离病龟以免传染；每千克体重注射卡那霉素10万～12万国际单位；改良水质，用2.5毫克/升的漂白粉全池遍洒消毒水体。

（4）饲料脂肪酸败中毒

【病因】超量投喂和使用了变质的高脂肪饲料，造成变性脂肪毒素在体内的大量积存，致使肝脏及胰脏中毒，代谢失调。

【症状】病龟行动迟缓，常浮于水面，食欲降低，最后拒食死亡。病重时腹部散发出臭味，肝脏变黑、肿大，表皮出现水肿，四肢根部肌肉无充实感，用手按压感觉细软无弹力。

【防治方法】不要投喂高脂肪饲料和腐烂变质的饲料，在饲料中加入适量的B族维生素、维生素C、维生素E。不要投喂贮存时间过长的干蚕蛹。

第四节　黄缘闭壳龟

黄缘闭壳龟（*Cuora flavomarginata*），属地龟科、闭壳龟属，俗称断板龟、夹板龟、夹蛇龟、黄板龟、食蛇龟和金头龟（见彩图4）。分布广泛，主要分布在中国和日本。中国的主要分布区域是安徽、福建、台湾、广西、重庆、湖南、湖北、江苏、江西、上海、浙江、香港和河南；日本主要分布在琉球群岛。黄缘闭壳龟有3个亚种，民间称为南中国种、台湾种和琉球群岛种。野生黄缘闭壳龟繁殖率低，数量较少，濒临灭绝，是珍稀的濒危物种。黄缘闭壳龟是龟类中的珍品，其药用和营养价值极高，以其为主要原料与中药配伍，既能抗癌解毒、无任何毒副作用，又是滋阴壮阳、延年益寿的高级滋补品。黄缘闭壳龟又具有很好的观赏价值，被当作宠物来饲养，深受海内外爱好者的欢迎。黄缘闭壳龟是一种经济价值很高、又比较容易驯化和饲养的龟，生命力很强。

一、外形特征

黄缘闭壳龟的身体结构较其他的龟类特殊，其背甲与腹甲间、腹盾与胸盾间均以韧带相连，头尾及四肢缩入壳内时，腹甲与背甲可完全闭合，加上其背甲缘盾腹面为黄色，故名为"黄缘闭壳龟"，这是黄缘闭壳龟最典型的外部特征。黄缘闭壳龟体色丰富多彩，头部和颈腹面浅黄色，下颌橘黄色，两眼后各有1条深黄色粗线，侧面是黄色或黄绿色。背甲为深色，高拱形，四肢上鳞片发达，爪前五后四，有不发达的蹼。龟在遇到敌害侵犯时，可将自身缩入壳内，不露一点皮肉，使敌害无从下手，还可将蛇、鼠等动物夹死或夹伤，故又称"夹蛇龟"。

二、生态习性

1. 栖息环境　黄缘闭壳龟属于半水栖（偏陆栖性）龟，不能生活在深水域内。平时多在陆地上活动，耐干旱，适应能力较强，抗病性能较好。在自然界中，黄缘闭壳龟栖息于丘陵山区的林缘、灌木丛、树根底下、石缝、杂草丛等比较安静的地方，活动地离水源较近，不能长时间生活在干燥的环境中，时常到溪边饮水和洗澡。黄缘闭壳龟喜欢阴暗潮湿的地方，不喜欢强光。用肺呼吸，长时间养殖在水深超过30厘米的环境中也会因窒息死亡。

2. 食性　解剖刚在野外捉到的黄缘闭壳龟发现，其胃中有昆虫残渣和植物碎屑，故而为杂食性。在野生条件下，主要喜食蝇蛆、金针虫、天牛、蝶类幼虫、金龟子、蛞蝓、蚯蚓、蜈蚣、蜗牛和壁虎等，不喜欢小鱼虾。当动物性饵料缺乏时，也食一些植物性饵料，如青菜叶、瓜果、玉米、高粱和大麦等。黄缘闭壳龟较耐饥饿但不耐渴，若长时间不饮水，可导致体内缺水死亡。

3. 温度　黄缘闭壳龟取食的适宜温度为20～33℃，28～30℃时摄食强度最大。当温度下降到19℃时，龟停止摄食；气温下降至10℃以下时，即进入冬眠状态。室外冬眠地多在山阳坡，隐藏于草堆中、烂树叶下。

黄缘闭壳龟喜群集，较其他的淡水龟类胆大，不畏惧人，同类很少争斗。与其他闭壳龟一样，当受惊时会把头尾及四肢缩进壳内，然后把壳紧紧合上，抵御敌人。

三、雌雄鉴别与繁殖特性

雄性个体尾长、尾基部粗壮，肛孔离背甲后缘远；雌性个体尾短、尾基部较细，肛孔离背甲后缘近。

黄缘闭壳龟的交配季节一般为 5～6 月和 9～10 月，雌龟有效交配 1 次，可保持 1～2 年的受精能力。雌龟产卵季节为 6～8 月，一般每只雌龟每年产卵 2～6 枚，产卵多在夜间。据报道，河南信阳地区的黄缘闭壳龟每年 4 月开始发情交配，5 月下旬、7 月中旬为产卵期，每年产卵 1 次，每次 1～4 枚。黄缘闭壳龟的卵呈长椭圆形，卵重一般为 11～18 克，长 4.2～4.7 厘米、宽 2.0～2.4 厘米。

四、养殖模式

黄缘闭壳龟的养殖，大规模的以外塘生态养殖为主要模式，小规模有水泥池拟生态养殖模式、庭院养殖模式和室内及阳台养殖箱养殖等模式。养殖箱可购买，也可以自行制作。由于黄缘闭壳龟是半水栖龟，因此，其稚幼龟池、种龟池的布局与水栖龟与陆龟不同。

1. 稚、幼龟池的建造　龟池建造要选择在环境安静的地方，面积可大可小，形状可方可长，甚至不规则，总之因地制宜，规划好建池的数量、面积。基本结构建设和水栖龟池一样，墙体为 T 形防逃墙，只是布局和环境布置不同。池中要设置洗浴区、摄食区和活动休息区，依次排列。洗浴区占 30%左右，池深 20 厘米，池壁向摄食区方向做成斜坡；摄食区一般占总面积的 20%左右，可放置一些光滑的鹅卵石；活动休息区占 50%，以泥土铺底，上面放置一些光滑的鹅卵石、柴草，还可用石块、砖和木头等材料搭建成龟巢，如同天然石洞。夏季可在养殖池种一些植物，在其上方拉 1 块太阳网遮蔽烈日直射，尽可能使养殖环境接近自然生态，为龟建造一个隐蔽、安全的生活环境。

2. 成龟池的建造　成龟池比稚龟池多 1 个产卵区，设置在池子一端，与活动休息区相邻，约占总面积的 10%。产卵床沙层厚度 30～40 厘米，在产卵场上方用石棉瓦搭建一挡雨棚，避免成龟产卵后遭雨水浸泡，影响孵化率。

五、养殖技术

1. 稚龟暂养　刚孵出的稚龟十分娇嫩，为避免卵黄膜破裂和细菌感染，先放在消毒过装有蛭石的盆中干露，不用喂料，不要加水。待卵黄完全吸收后，用 10％生理盐水浸泡消毒，再放入暂养器皿。暂养容器可用大瓷盆、大塑料盆、玻璃缸和养殖箱等，容器一端用砖头垫起，使水集中在一角，水深1～1.5 厘米，每天换水 1 次。换水时要注意，尽可能换同样温度的水，不要有温差，一般用手试试，感觉要换的水和原来的水没有差异即可。暂养容器中无水的一侧铺 3～5 厘米厚的细沙，或者放置 1 块潮湿的毛巾作为稚龟隐蔽栖息的场所，温度保持在 25～30℃。此时，可投喂水蚤、水丝蚓、刚蜕壳的面包虫和红虫等活饵料，10 天后再逐渐投喂切碎的鱼虾、动物内脏、肉丝、猪胰、猪肝和米饭等。出壳后的幼龟，抵抗敌害能力较差，要精心护理，预防老鼠、蛇、苍蝇、蚊虫和蚂蚁等的叮咬。

2. 稚龟培育

（1）分池培育　经过暂养后，稚龟完全适应了环境，体质强壮，活动性好，摄食正常，即可分池培育。及时将大小一致的稚龟放在同一容器中饲养，以免因规格相差悬殊而影响个体小的龟生长。稚龟的放养密度为 50～80 只/米^2，入池时用 1 毫克/升的高锰酸钾溶液洗浴 5～10 分钟，对体表消毒。稚龟饲养池，只能在饮水区加入少量水，保持水深 1～2 厘米，切不可加水过多或过深，否则稚龟易淹死。由于饲养池内加水少，池水很快被稚龟的排泄物及残饵污染，因此要及时换水，每 2～3 天冲洗、消毒饲养池 1 次，保持池内清洁和池水卫生，预防病害发生。同时，龟池用尼龙网覆盖，防止老鼠、黄鼠狼等敌害动物的侵袭。

（2）饵料投喂　稚龟最佳摄食和生长温度为 28～31℃，温度下降到 26℃以下，摄食量明显减少。当环境温度降低到 23℃以下时，稚龟基本停止摄食。稚龟喜欢鲜活饵料，尤其喜食鲜活蚯蚓，投喂量为体重的 2％～4％，生长速度最快，饲养 110 天增重 104％。无论是稚龟还是成龟，如果要转换配合饲料，都要慢慢转换，避免消化不良而引发肠炎。

（3）做好保温工作　稚龟出壳后生长速度极其缓慢，而且对温度变化非常敏感，摄食和生长均与温度密切相关。因此，采取措施使温度保持在 26℃以上，延长其生长期具有重要意义。如果不注意保温，进入冬眠时，由于个体小、体质弱，越冬死亡率会很高。因此，温度低于 25℃后，要采取保温、加温措施。如果室外养殖，要在养殖池的上方覆盖双层塑料薄膜，搭建塑料大棚，以提高龟池温度，延长稚龟的摄食和生长时间。如果室内养殖箱养殖，可以在箱体上加泡沫板，在养殖箱上方安装太阳灯加温。

（4）越冬管理　当气温降到 20℃时，就要把室外的龟转移到室内的木箱中自然过冬，或在温室、温箱中养殖。在温室、温箱中饲养的，按正常管理方式养殖。自然越冬，要在养殖箱中放入 15～20 厘米厚潮湿洗净的细沙，为稚龟冬眠做好准备。当温度下降到 18℃ 后，稚龟停止摄食，龟就会掘穴，爬入沙中冬眠。龟冬眠期间，也不能不管不看，要经常巡视稚龟的冬眠情况，定期向沙中喷水，保持沙子潮湿。同时，室内封闭性要好，防止室内温度下降到 0℃ 以下，防止老鼠等敌害生物。

（5）定时巡池　早期 2～3 小时巡池 1 次，察看各养殖池中稚龟有无四脚朝天、翻不过身的情况，长时间翻不回来会死亡；观察稚龟的活动和摄食情况，检查温度变化和池内水质状况。后期可上午、下午各巡池 1 次。

3. 幼龟饲养

（1）分级入池　稚龟经过一个冬天，到 4 月就转入幼龟的饲养阶段。首先按龟的个体大小分池饲养，将个体大小基本一致的龟放到同一个池，以免造成大的抢食能力强、小的吃不饱，生长差异进一步加大。2 龄龟的放养密度为 30～50 只/米^2，3 龄龟 20～30 只/米^2，200 克以上的龟放养 10～15 只/米^2。入池时用 20 毫克/升的高锰酸钾浸浴 5 分钟，进行体表消毒。幼龟饲养池，只能在饮水区加入少量水，水深根据龟的大小决定，一般保持水深 2 厘米，最多 5 厘米，切不可加水过多或过深，否则易淹死幼龟。每天必须换水，每 2～3 天冲洗饲养池 1 次，始终保持池内的清洁和池水的卫生，换水水温前后一致，切不可变化太大。

（2）饵料及投喂　黄缘闭壳龟偏爱动物性饵料，不太喜欢鱼虾。幼龟饵料以动物性饵料为主，间喂一些蔬菜和水果，如香蕉、苹果、木瓜和西红柿等。投喂的饵料应新鲜适口，日常投喂的动物性饵料以面包虫、蚯蚓、蜗牛、蝇蛆、蚕蛹、螺蚌肉和瘦猪肉为主。较大型的动物性饵料，如鱼、河蚌肉和畜禽内脏等，应充分剁碎或用机械绞碎，并可与其他粉状植物性饵料拌匀，同时，加入适量复矿、维生素混合。一般每天早晚投饵 2 次，在气温偏低时，可每天晚上投饵 1 次，投喂量以第二天吃完为准。最好投喂营养全面的人工配合饵料，选择蛋白含量不低于 40％ 的品牌饵料。由鲜活饵料转换成配合饵料时，要逐步过渡，使幼龟逐渐适应配合饵料，不可操之过急，否则容易出现拉稀等肠道疾病。

（3）日常管理　除了饵料和水分，温度和光照也是影响黄缘闭壳龟生长的环境因素。积极改善养殖生态环境，以适应龟正常生长的需要，并做好管理记录相当关键。

①保持优良水质：幼龟池水体小，水质易变坏，特别是夏季，水体污染快，因此应每天都要换水，清洗饮水摄食区，保持水质清新。

②夏季光线调节和降温：黄缘闭壳龟为陆栖性龟类，具有喜暗光、厌强光、昼伏夜出的习性。人工养殖过程中，为了促使幼龟白天摄食和活动，必须避免强烈的阳光直射池内，保持池内光线柔和，而且高温酷暑季节要注意降温，因此在池的上方搭遮阳棚。或者在饲养池的一边种植有藤蔓的植物，让藤蔓爬到饲养池上方的棚架上，既可防止太阳直射，降低光线的强度，又可避免夏季温度过高危及幼龟生命。

③冬季保温：温度直接影响黄缘闭壳龟的摄食量，因此，温度也直接影响其生长速度。黄缘闭壳龟 28～30℃时摄食强度最大，当温度低于 26℃时，摄食量明显下降。据黄斌等驯养观察，当环境温度为 20～24℃时，摄食量不足体重的 1%，且取食次数少，一般 2～3 天采食 1 次；当环境温度为 25～27℃时，其采食量可达到体重的 1%～2%，一般 1～2 天摄食 1 次；当环境温度稳定在 28～31℃时，摄食量为体重的 2.5%～5%，一般每天摄食 1 次。黄缘闭壳龟在 6～9 月摄食最旺盛，生长速度最快。因此，进入秋季时要及时搭架铺设塑料薄膜，保持池内温度，延长龟的生长时间。

4. 种龟养殖　除庭院养殖和小规模养殖场采用水泥池或养殖箱养殖外，大型户外养殖场一般以 1～4 亩的养殖池为宜。成龟放养密度以 3～5 只/米² 为宜，种龟 0.5～1 只/米²，雌雄比例为（2～3）∶1。

（1）养殖池的准备　新建水泥池碱性很强，不能直接放养。在使用前用稀盐酸的水体浸泡 1 周或用清水浸泡半个月，然后冲洗 2～3 次脱碱后方可放养。旧龟池在放养前 10～15 天，进行消毒和维修。龟池饮水洗浴区及投食槽需用生石灰或漂白粉等药物彻底消毒，产卵及休息区喷洒 1%漂白粉或干撒生石灰消毒。检查防逃设施、进排水管和池堤是否完好。

（2）种龟的选择　种龟选用尾部和四肢完整、健康、无伤、无病、身体强壮、反应灵敏、眼睛有神的个体，如龟板、皮肤有伤或发炎的，四肢红肿的不可选用。龟甲、皮肤有光泽，头颈伸缩、转动自如，爬动时四肢有力，无外伤，身体饱满者最佳。新购买的龟放养时，需用 4%的食盐水或 20 毫克/升的高锰酸钾溶液浸浴消毒。

（3）饲料投喂　以动物性饲料为主，如畜禽内脏、小鱼虾、螺蚌、黄粉虫和蚕蛹等；并适当搭配些植物性饲料，如菜、豆饼、瓜果、玉米、高粱和西红柿等；也可直接投喂人工配合饲料。根据气候和龟的摄食情况，调整投喂的次数、数量和时间。种龟的性成熟时间、年产卵次数、卵数量多少、卵质量好坏，在很大程度上取决于饵料条件，所以在饲养过程中，首先要充分满足种龟的营养需要。小鱼虾、泥鳅、蚯蚓、螺蛳、河蚌、黄粉虫、动物内脏及蚕蛹、豆饼、麦麸、玉米和西红柿等，都是黄缘闭壳龟爱吃的食物。有研究报道，投喂混合饲料和配合饲料的黄缘闭壳龟，产卵率、产卵量都高于投喂单一饲料的种龟。

一般春秋季节温度不高，在中午前投喂，每2天投喂1次；夏季温度高时在17：00后投喂，每天投喂1次。投喂量一般以2～3小时吃完为准。

（4）日常管理　池边可种植遮阴植物，如冬瓜、南瓜、丝瓜和豆角等，在池边搭棚。并且经常巡塘，观察龟的摄食、活动和生长情况，防止逃跑和敌害生物侵袭，大雨时要及时查看龟池排水是否畅通，发现问题及时解决。

水质质量关系到龟的健康和生长繁殖。保持龟池水质清新，肥活嫩爽，pH保持在7.5～8.5，氨氮含量控制在4毫克/升以下。残饵要及时捞出，以免污染水质。定期用生石灰、漂白粉消毒，间隔食用有益微生物净化水质和池底。春、秋季节应定期换饮水洗浴区的水，夏季高温季节应勤换，换水最好在喂食前进行，应注意水的温差不宜高于3～4℃。

每年11月初，由于温度下降，龟逐渐进入冬眠，在室外养殖的成龟、种龟可在原池中越冬，这时应在活动区铺上一层干草，在龟池上方搭盖塑料薄膜大棚保温越冬。冬眠期间要注意保持越冬区土壤的湿度。

5. 病害防治　黄缘闭壳龟很少生病。现将我们在养殖中观察到的病归纳如下：

（1）溃疡病

【症状】龟的腹甲角质鳞片脱落发炎。在人工养殖下生活在沙土、水泥地上，使腹甲角质鳞片大片磨伤，容易引起溃疡。

【治疗方法】可用四环素、土霉素软膏涂于溃疡处。另外，龟的抵抗力很强，养殖在自然环境中很容易痊愈。

（2）腹甲溃烂病

【症状】病龟的腹甲角质层脱落，骨板发炎，微出血。人工养殖条件下由于龟甲长时间与龟池底上的沙粒、水泥硬化面摩擦，使腹甲角质层大片磨损，引起细菌感染所致。

【治疗方法】用5%的高锰酸钾溶液或碘溶液擦洗溃烂部位，然后用四环素、红霉或土霉素软膏涂抹患处，离水养殖，每周用药1次，一般2～3次即可治愈。

（3）韧带溃烂病

【症状】甲桥处韧带红肿发炎，甲壳角质层和骨板分离，其间有脓液，发病后期甲壳溃烂发黑，脓液增多，角质层脱落，韧带穿孔。当细菌感染内脏、引起内脏病变时，病龟反应迟钝、离群、拒食，不久就死亡。

【防治方法】此病早期治疗效果明显，治愈率高；后期因韧带穿孔，内脏已被细菌感染并发生严重病变，治病效果不佳。治疗时，将病龟隔离，用碘伏擦洗患处，也可用质量比为1毫克/升的二氧化氯溶液药治30分钟，然后用四环素药膏涂抹患处，离水养殖，每周用药1次。因该溃烂部位处于活动处，彻底治愈需要较长时间。

（4）脐部发炎 脐部发炎是稚龟出壳后的一种常见病，刚出壳的稚龟卵黄囊尚未完全收缩好，一旦磨破、擦伤感染所致。若不及时治疗，可使稚龟死亡。

【症状】为脐部及脐孔发炎凸出、化脓，导致内脏器官感染而死亡。

【防治方法】稚龟出壳后用0.04%的高锰酸钾溶液洗浴；对于卵黄未彻底吸收的稚龟，单独放在消毒的玻璃缸中暂养，直至脐带脱落后再放入饲养池中。一旦发现脐部发炎，先用0.04%的高锰酸钾溶液浸洗15分钟，然后将脐部涂上红霉素软膏；或者涂擦碘酒后，涂抹金霉素软膏，干放养殖，但应保持背甲和头部潮湿。

（5）寄生虫病 微小牛蜱、山蚂蟥是野生黄缘闭壳龟体表最常见的寄生虫，它们常吸附在龟的四肢、腋下、颈部的皮肤上，导致龟体消瘦，抵抗力下降。因此，来自自然界的黄缘闭壳龟进行人工驯养时，要检查体表有无寄生虫的侵袭。可用1毫克/升的敌百虫溶液药浴10~20分钟，杀死微小牛蜱。

（6）敌害生物 黄缘闭壳龟主要在陆地上活动，易遭多种敌害生物的袭击，如老鼠、鹰、鹭、蛇和青蛙等。预防方法是养殖池四周及池壁保持光滑，池上设置防护网，饲养池内设置龟隐蔽的龟巢等。

6. 注意事项 黄缘闭壳龟陆栖性较强，但也需在饲养场地中放置浅水区供其饮用、戏水和浸泡。幼体更喜欢水栖。黄缘闭壳龟比安布闭壳龟分布得更北，通常在高山地区（不是严格意义上的热带），所以接受充分的阳光浴，以提升体温是必需的。需要提供优质的钙源，如墨鱼骨、压碎的牡蛎壳、煮熟的或压碎的蛋壳，如气候适宜可户外饲养。

第五节　大东方龟

大东方龟（*Heosemys grandis*），又称东方龟、锯龟、亚洲巨龟和巨型山龟（见彩图 5），本地俗称木龟，属地龟科、东方龟属，分布于缅甸、泰国、越南、马来西亚和柬埔寨。大东方龟是硬壳、半水栖性的亚洲水龟中体型最大的一种，最大背甲长度近 50 厘米。大东方龟具有个体大、生长快、杂食性和病害少等优点，1994 年我国少量引进养殖，在广州室外水池基本上能自然越冬，在适宜的人工养殖条件下，可以人工繁殖。大东方龟性情开朗、活跃，易接近饲养者。经驯化后，能跟随饲养者爬行，雄龟较雌龟胆大，不害羞，更易驯化。大东方龟病害较少，饲养可利用不合食用的瓜果蔬菜、农副产品下脚料及小鱼小虾等，饲养容易，适合推广养殖。

一、外形特征

外表椭圆形，背甲后缘呈锯齿状，因此又称锯龟。头部呈灰绿色至褐色，点缀黄色、橙色或粉红色的斑点；背甲棕色，中央有明显突起的脊棱；腹甲淡黄色，每块盾片均有光亮的深褐色线纹，组成显著的放射状图案，部分老熟个体会随着生长而淡化，个别龟腹甲的放射纹会全部磨灭；四肢棕色，具鳞片，指、趾间发达。

二、生活习性

大东方龟生活在东南亚海拔 400 米以下的河流、湖泊、沼泽地及稻田，属两栖类龟，喜欢在陆地上生活。杂食性，野外以植物为食。大东方龟喜暖怕寒，水温低于 20℃摄食减少；水温低于 13℃左右停止摄食；水温 10℃左右环境中能冬眠 1～2 个月；当温度降至 5℃并持续半个月的时间，龟出现死亡现象。

在人工养殖条件下，大东方龟喜欢阴暗的环境，夏天中午常在遮阳网、石棉瓦和树木底下乘凉，或在水中浸泡，早晚活动较多。人工饲养时，喜食瓜果蔬菜、植物茎叶，如香蕉、黄瓜、苹果、白菜、卷心菜和空心菜等，也食鱼、虾、家禽内脏等动物性饲料和人工配合饲料。

三、雌雄鉴别与繁殖特性

雄龟腹部凹陷，尾部长而粗，肛孔位于背甲后缘外；雌龟腹部扁平，尾部短而细，肛孔位于背甲后缘内。

在婆罗洲自然生存的大东方龟，每窝产卵 1～8 枚，卵白色，壳硬，椭圆形，平均长径 65～67 毫米，孵化时间在温度 28℃时需要 99～113 天。在南京加温条件下，12 月和翌年 1～3 月有产卵现象，每次产 2～10 枚，卵重 52.7～61.8 克；在广州 4 月产卵，卵均重 49.8 克；在海南 11 月至翌年 4 月产卵，每次产卵 6～7 枚，卵均重 40.2 克。

四、养殖模式

养殖模式有养殖箱养殖、水泥池养殖和大塘池养。

1. 养殖箱养殖　养殖箱适合养殖稚、幼龟，成龟、种龟个体大，最好在水泥池或室外池塘养殖。如果家庭养殖成龟、种龟，则要求养殖箱必须足够大，且水深必须足够（建议 2 倍以上龟体厚度），还要搭设台架，供龟干露用。

2. 水泥池养殖　水泥池的建造可以灵活掌握，与其他龟的养殖池相近，种龟池要设产卵场，要注意的是：产卵场要足够大，产卵场的土质一定要遇水成型，能结块且易捏碎的土质为好，湿度适宜的沙地也可，过硬和不成坑的纯沙地皆不宜；水陆比例要适宜，一般水的面积大于陆的面积。

3. 室外大塘养殖　大塘主要用于成龟和种龟养殖，每口面积为 1～1.5 亩。大塘设在水源充足、光照充足、进排水方便、环境安静、避风向阳、土质坚实、保水性能好的场所，能防旱、防涝、防逃和防盗。池底比较平坦，无渗漏且进、排水方便，可控水位为 1.2～2 米，并在进、出水口处安置过滤网。种龟池还要设置产卵房。

五、养殖技术

目前，大东方龟养殖研究的报道较少，大东方龟的许多特性如年龄识别、饲料营养要求、幼龟培育、成龟养殖、成龟成熟期养殖、产卵、孵化以及产业化养殖技术等仍有待研究。

1. 稚龟培育 稚龟孵出后很娇嫩，有的脐带未完全脱落，卵黄囊外露在脐孔处，要用70%酒精消毒其脐带，或者用1%的淡盐水浸稚龟10分钟做体表消毒。消毒完毕后，将其放入塑料盘内爬行，等脐带脱落、腹甲脐孔闭合后，放入清水，水深以淹过龟背1~2厘米为宜。3~5天开始进食，在盆中央用石块设一小饭碗般大小的小食台用于放置饲料，每天早晚各投喂1次。

大东方龟属于杂食性，稚龟的饲料一般要荤素搭配，植物性食物要占到一半，切不可全都采用肉类饵料。开始喂以猪肝糜，半个月后喂以鱼肉、面包虫和香蕉等。投喂鱼虾碎肉糜；或者50%的鱼虾碎肉糜搭配50%的甘薯、蔬菜糜等；投喂量以食完不剩为原则。喂前先换水，喂后2小时后换水，换水时注意水温相差不超过3℃。由于大东方龟不能太长时间生存于低温（5℃以下）环境，入冬后，有条件的要用人工气候箱进行恒温培育，温度保持28℃左右。没有恒温箱，也要采取措施，做好防寒工作，温度保持在10℃以上为好。稚龟培育50天，体重可达60克左右，可转入幼龟培育阶段。

2. 幼龟养殖 体重60~250克的个体称作幼龟。此阶段一般用较大的养殖箱或水泥池来培育，池中央设一直径为15厘米的圆型食台。放养密度50只/米² 左右，管理得好，培育成活率达90%以上。

饵料投喂，可参考值龟饲料配比，由于大东方龟食量大，最好采用配合饲料养殖，再搭配一些蔬菜增加维生素的补充，如胡萝卜、卷心菜、空心菜和西红柿等，几乎所有蔬菜大东方龟都会摄食。

水质管理：投喂前先换水，用同温度的水冲洗干净后加同温度的水至池水深3厘米左右即开始投喂，2小时后清理残饵，排掉污水，清洗干净后再注入同温度的新水进行培育。

3. 成龟养殖 大东方龟养至350克时转入池塘野生放养，实施生态养殖。在放养龟苗的同时放养小鱼、小虾，供小龟自由捕食以训练它的野性。仿生态养殖的亚洲巨龟养殖成本较低，成活率高，生长速度快，适应能力强，养殖3年可达5千克，可作为商品龟上市出售。

大东方龟属于杂食性，食量大，在自然界以植物为主。但在人工饲养的条件下，大东方龟几乎不挑食，食物范围非常广泛，不但对卷心菜、空心菜、白菜和胡萝卜等几乎所有的蔬菜都喜欢食用，还喜欢吃水果，对鱼、虾、贝肉更是来者不拒。使用龟的配合饲料养殖，最好要加一些蔬菜、水果来补充维生素，养殖效果更好。在育肥季节，甚至可以将荤食的比例提高到六成以上。从大东方龟养殖业来看，大多数养殖场采用当地较便宜的原料作为主料，如玉米粉、红薯、南瓜，再配一定比例的次面粉、小杂鱼、杂虾，用搅碎机打成湿饲料直接投喂。有的养殖场采用配合饲料，再补充一些当地容易取得的青饲料，如红薯叶、空心菜、油麦菜和苦麻菜等。动物性饲料和植物性饲料搭配合适养殖效果最好，切莫走向任何一个极端。很多技术水平较为落后的养殖场采用主要投喂青饲料，辅助投喂成品水龟粮的做法，收效较差。还有一些家庭养殖，长期投喂肉、动物下脚料、内脏和鱼虾等的做法是不正确的，这容易造成龟体浮肿、肝脏肿大和代谢不良等疾病。还有要注意的是，虽然所有大东方龟共同喜爱的食物就是香蕉，但香蕉并不能作为主要食物进行长期投喂，长期投喂大量香蕉的大东方龟会出现大便不成型、挑食等不良反应。

4. 种龟养殖

（1）种龟选择　大东方龟性成熟较慢，龟龄 8 年以上才能性成熟。种龟则要求体形完整，个体较大，体表有光泽，健壮，无畸形，无伤无病，体色和体纹无变异，反应灵敏，活动灵活，头脚伸缩自如，爬行快速、倒放地上时能迅速翻回的龟。体重要求雌龟在 4 千克以上，雄龟在 5 千克以上。种龟按雌雄比例（2～3）∶1 搭配放养，秋末到翌年春初为大东方龟的产卵期。在营养足够、环境适合的条件下，年产 1～3 次卵。一般在傍晚上岸产卵，产卵时人不要在附近走动，以免惊动它。待龟产卵后，根据沙土痕迹，及时拨开沙层寻找龟卵，以防止其他龟上来产卵时将卵踩烂。

（2）种龟放养　种龟按规格不同分池放养；种龟入池前，先用生石灰对种龟池和食台、产卵场进行全面消毒，种龟用 4% 盐水浸泡 10 分钟。繁殖池的种龟不能放养得过多，种龟放养密度过大则很容易造成池水缺氧，降低受精率和孵化率。种龟放养密度应根据种龟个体的大小加以考虑，放养时雌雄龟比例按 3∶1 搭配，大东方龟雌性种龟的放养密度为 1.5 只/米²。

（3）日常管理　大东方龟属杂食性动物，动物性、植物性食物都喜爱，既不挑食又贪吃。喜食黄瓜、番茄、胡萝卜、红薯叶、香蕉、红薯、青菜、新鲜海鱼、海虾等，日投喂量为种龟体重的 3%～5%；用 50% 的新鲜海鱼、海虾肉糜，添加 40% 的熟红薯、蔬菜等搅拌成团，青饲料以大白菜、胡萝卜、南瓜为主，每天投喂 1 次，一般傍晚投喂，投喂量以投喂后龟体在 2 小时内摄食完为宜。每隔 10～15 天检查 1 次种龟，根据种龟的肥满程度、发育情况等随时调整饲料配方和投喂量。

水质管理主要通过换水和定期施用生石灰，间隔使用有益微生物制剂进行调节，每隔 5～7 天池塘换水 10%～15%，同时，泼洒光合细菌、复合微生物。每隔 20 天，施用 1 次 10 毫克/升的生石灰。水位要随温度而调整，水温 30℃ 以上时要加深水位，水位控制在 1.5～1.7 米；水温 30℃ 以下时，水位控制在 1.2～1.5 米为宜。

六、注意事项

来自东南亚的大东方龟在饲养过程中，倾向在潮湿的陆地遮掩物下躲藏。它们不能承受寒冷的天气，湿冷的气候极易引起呼吸系统疾病，而干冷的气候对大东方龟来说是致命的。在长期低于 5℃ 的情况下，可能致死。天凉时，应该将龟移至室内或加温棚。

长期干养的条件下，有可能造成亚巨的背甲上翘，腹甲长于背甲。长期饲喂纯肉类食物，会使龟蛋白质过剩，容易形成臃肿的体态。

第六节 菱 斑 龟

菱斑龟（*Malaclemys terrapin*），又称钻纹龟、钻石龟、泥龟（见彩图 6），被誉为美国和全世界的泽龟种类中数一数二的漂亮品种，是经济价值较高的观赏龟。主要分布在沿北美东部和南部海岸，北加利福尼亚州科德角至海特拉斯角的地区内，栖息在河口、有潮汐的小河和咸水沼泽中的品种。

一、外形特征

菱斑龟头、四肢灰色，布有斑点；背甲有沟痕，腹甲橘黄或灰绿色，上有黑色斑块，不同亚种颜色变异大。菱斑龟有 7 个亚种，个体之间可能存在着背甲图案、皮肤颜色、斑纹和形状的巨大差异，使得其更富变化的魅力。唯一的共同特征，就是它们富有纹路、有同心图案的（钻纹）、钻石形的盾板。此外，菱斑龟另一个外貌特征，是它们的两性异形。在性成熟时，雌性的大小往往是雄性的 2 倍。

二、生态习性

菱斑龟属于水栖龟类，是北美唯一可生活在含盐水域的种类。栖息在咸水或半咸水，多见于海岸带。性情活跃，喜活动，有上岸晒背的习性，抗寒能力较强。水温5℃时可自然冬眠，20℃时可以主动捕食，最适温度25℃。菱斑龟口部有坚硬的牙齿，肉食性，在野外它们以贝类、虾、蟹、蜗牛和各种小鱼为食，偶尔也会吃一点植物性食物。

三、雌雄鉴别与繁殖特性

性成熟的雌龟明显比雄龟大，雌龟重1 000～1 500克，而雄龟重300～400克。雌龟尾短，肛孔位于背甲后缘之内；雄龟尾长且粗壮，肛孔位于背甲后缘之外。

菱斑龟每年4～7月为繁殖季节，每年产卵3次，每次产卵4～18枚，孵化期90天。菱斑龟在海南的产卵期为3～7月，旺盛期为4～5月，平均每窝产卵7～8枚。

四、养殖模式

当前，菱斑龟养殖模式主要有室外或楼顶、庭院水泥池以及室内水族缸、养殖箱等观赏设备中养殖，是当前城乡发展庭院、室内养殖的优选名贵观赏水族宠物品种。

五、养殖技术

1. 龟苗选择　龟苗选择的要求是，无病无伤，活力好，个体大，眼睛清澈，外形无缺陷，体表干净，用手抓住龟体时，感觉挣脱有力。

2. 龟苗放养　放养前务必做好消毒工作。养殖池可用20毫克/升的高锰酸钾或10毫克/升的漂白粉全池浸泡，3天后排掉，重新加水。用1毫克/升的漂白粉或聚维酮碘等消毒养殖水，待毒性消失后即可放苗。龟苗放养前用3‰～5‰的食盐水浸泡30分钟或聚维酮碘浸泡10分钟后，即可放入养殖池。

3. 龟苗培育　菱斑龟是肉食性龟类，人工饲养条件下主要用小鱼、小虾、瘦猪肉及混合饲料（新鲜鱼打成肉糜并添加鱼粉等复合维生素）喂养，多种饲料交替投喂，可以保证营养全面。水温25℃以上投喂食物，每天投喂2次，投喂量以投喂后 2 小时内吃完为宜。2 小时后收集残饵，洗干净饲料台。菱斑龟有夏眠现象，温度高时，其少动、无食欲，因此需减少投料量或停料；冬天温度低于 20℃时停止喂食。

4. 成龟和种龟培育 种龟池池底要有少量泥沙，水位 80 厘米，水体保持透明度 30 厘米左右，pH 6.5～7。成龟和种龟分池前，用 20 毫克/升的高锰酸钾溶液浸泡 30 分钟后放入池中，第二天仅喂少量食物。饵料以新鲜鱼、混合饵料（新鲜鱼打成肉糜并添加鱼粉等复合维生素）为主。水温 25℃以上投喂食物，每天上午投喂 1 次；温度低于 20℃时，停止喂食。日投喂量以 4～5 小时内食完为宜。将饵料固定投放在池的一边斜坡上，靠近水面或水淹没食物。

日常管理：每天巡池 2～3 次，上午测量水温，检查前一天投喂食物的剩残情况，并打扫食台；观察龟的活动和粪便状况；产卵季节，早上检查产卵房沙土，晚间巡视龟活动，龟是否有上岸挖洞穴现象。龟开始产卵后，每天早上挖卵，避免被其他龟误挖损坏。

5. 水质管理 保持水位稳定，并适时更换新水，根据水质、天气情况灵活掌握。定期泼洒有益微生物净化水体，或用生石灰或漂白粉消毒，微生物和消毒药物不能同时使用。夏季在池子的上方处搭建遮阴棚，可在池中种植占水面 10%～20%的凤眼莲净化水质，以防阳光直射水面。经常进行冲水，防止水温过高，保证龟苗活动、摄食正常。换水时，先排去旧水，清除池内污物后加入新水。换水时温差不能超过 3℃。

6. 病害防治 坚持"以防为主、防重于治"的原则。保持水质良好，保证龟的正常摄食和良好生长；饲料中适当添加多种维生素、骨粉等，促进生长，增强体质，提高免疫力；养殖池每 3 个月用 20 毫克/升的高锰酸钾浸泡消毒，饲料台每 15 天用 2 毫克/升的强氯精浸洗，工具每 15 天用 20 毫克/升的漂白粉浸泡；小心操作，避免龟苗受伤，发现伤、病龟及时治疗。几种常见病害及其防治方法如下：

（1）**腐皮病** 腐皮病是菱斑龟养殖过程中最具杀伤力的病症，在淡水中养殖尤其严重。主要是由于在养殖过程中，由体表某处皮肤受伤（咬伤、擦伤等），伤口感染细菌所致。发病初期如不积极采取有效的治疗，病变较严重时，死亡率较高。

【症状】病龟的四肢、颈部、尾部及甲壳边缘等处的皮肤发生糜烂，皮肤组织变白或变黄，患部周围肿胀，活动迟缓，摄食强度下降。严重时，颈部肌肉和四肢骨骼外露，脚爪脱落。此病一旦发生，感染极快。

【预防方法】保持水质清洁，按照"四定"原则进行投喂。放养密度要适宜，一旦发现，要及时隔离分养。放养时，要先消毒，保证养殖水体的盐度。

【治疗方法】①清除患处的病灶，用抗生素软膏如百多邦涂抹，每天换药1次，然后将病龟进行隔离喂养。可放潮湿处，切忌放入水中，以免加重病情，伤愈后再入池。②对新的创伤应先止血，用纱布压迫，然后清洗创面，再用消毒药物（93％双氧水、0.5％高锰酸钾）擦洗，以防感染，替龟涂优碘干置30分钟后再放回水中，早晚各治疗1次。严重者敷云南白药。

（2）断爪

【症状】龟爪脱离指根部，由血液渗出。若长时间浸泡在水中，易发生肿胀、溃烂。

【治疗方法】擦干病龟患处，清理伤口，用碘酒消毒，外涂红霉素或金霉素软膏，将龟放在没有水的容器内，每天涂抹1～2次，保持龟体潮湿。

（3）红脖子病　为传染性疾病，多发生在梅雨季节，由细菌侵袭使龟得病。病龟的咽喉部和颈部肿胀，肌肉水肿，反应迟钝，行动迟缓，食欲减退。该病极易传染，死亡率高。一旦发现龟患此病，应立即隔离治疗，对饲养池及环境进行消毒。

【治疗方法】对病龟可采用土霉素或金霉素等抗生素治疗，每千克体重用0.1克，6天为一个疗程，可连续治疗2个疗程；还可用金霉素、卡那霉素或链霉素针剂肌内注射，每500克重的龟用10万～20万国际单位。

（4）疖疮病　病原为嗜水性气单胞菌点状亚种，常存在于水中、龟的皮肤、肠道等处。水质环境良好时，龟为带菌者，一旦环境污染时，龟体若受外伤，病菌会大量繁殖，极易引起龟患病。

【症状】颈、四肢有一或数粒黄豆大小的白色疖疮，用手挤压四周，有黄色、白色的豆渣状内容物。病龟初期尚能进食，逐渐少食，严重者停食，反应迟钝，一般2～3周内死亡。

【治疗方法】首先将龟隔离饲养。将病灶的内容物彻底挤出，用优碘涂抹，敷上金霉素粉，再将棉球（棉球上有金霉素或金霉素药膏）塞入洞中。若龟是水栖龟类，可将其放入浅水中。对停食的龟应填喂食物，并在食物中埋入抗生素类药物。

（5）烂尾病　烂尾病是龟之间相互撕咬受伤后感染所致。也有报道认为，是嗜水气单胞菌所致。

【症状】病龟反应迟钝，行动迟缓，活动少，少食或停食。

【治疗方法】同断爪病一样处理。

（6）水霉菌病　由于长期生活在水中或阴暗潮湿处，对水质不适应，真菌侵染龟体表皮肤引起。

【症状】感染初期不见任何异常，随着病的发展，体表、头、四肢、尾部出现灰白色斑，俗称"生毛"。继而食欲减退，体质衰弱，表皮形成肿胀、溃烂、坏死或脱落，最终死亡。

【治疗方法】在对龟的日常饲养管理中，应经常让龟晒太阳，以抑制水霉菌滋生。配置4％的食盐水浸洗病龟10分钟，并用高锰酸钾溶液对饲养容器浸泡消毒。同时，在投喂的食物中拌入适量的抗生素，提高龟的抵抗力。

第七节　圆　澳　龟

圆澳龟（*Emydura subglobosa*），别名锦曲蛇颈龟、红纹曲颈龟、红纹短颈龟，隶属于蛇颈龟科（见彩图7）。产地为新几内亚、澳大拉西亚（澳大利亚、新西兰及附近南太平洋诸岛的总称）。圆澳龟观赏价值较高，适应力较强，是近几年来引进的名贵观赏龟种之一。

一、外形特征

圆澳龟体型较小，成龟的大小通常不会超过20～23厘米。体较扁，背甲略呈三角形，前窄后宽。头部为暗灰色，眼后方有一带状白色条纹，下颌底部则有明亮的珊瑚红色的图案。背甲为无花纹的中灰色到炭灰色，腹甲、甲桥和甲缘的腹侧有着显著的橘红色。幼体体色更为艳丽。尾短小，不露出缘板。

二、生态习性

圆澳龟喜暖怕寒，对温度要求较高。最适温度为25～30℃，水温16℃左右开始进入冬眠，温度低到5℃时进入深度冬眠，水温23℃开始摄食。圆澳龟喜欢温暖环境，温暖气候和雨季能促进成体龟进入繁殖状态。在海南省，1～2月环境温度有时低于10℃，龟进入冬眠状态，其他时候都能正常活动和摄食。

圆澳龟为杂食性，偏动物食性，喜食鱼、螺、虾、蠕虫、瘦肉和动物肝脏等，偶而也吃一些绿色蔬菜如莴苣、包菜，还吃南瓜、胡萝卜及水果等，人工驯食也喜食浮性配合颗粒饲料。在海南，养殖圆澳龟大都采用中华鳖饲料和新鲜杂鱼来投喂。

圆澳龟属于高度水栖龟，除了晒太阳和筑巢很少离开水域。它们非常迷恋日光浴，会长时间待在岸边或晒台上。在野外，圆澳龟是清晨第一个出来晒太阳、到黄昏最后一个回到水中去的。家庭室内水泥池或大型养殖箱养殖，或爱龟人士养殖宠物圆澳龟，最好选择日光能照射到的地方，否则就要采用白炽灯泡，也可采用紫外灯悬挂在水箱上方，定时照射。无论室内还是室外养殖，无论水泥池还是养殖箱，都要提供斜坡，以便龟能够爬出水面。

圆澳龟性情温顺聪明，好动，游泳姿态非常可爱，能与其他种类的水栖龟类和平相处，不主动侵犯其他龟。幼龟时体色艳丽，水中游动时好似一团火，但其腹甲颜色随体重增大渐变为淡红色、淡橘黄色，头顶部条纹颜色也变暗淡。因此，以欣赏为目的饲养时每天投喂量易少，冬季使其自然冬眠。

三、雌雄鉴别与繁殖特性

1. 雌雄鉴别　雄龟比雌龟小，背甲长约 17.4 厘米，腹甲后缘缺刻口较大，尾巴较长而且粗壮，肛门位于背甲后部边缘之外；雌龟背甲长约 24.6 厘米，背甲后缘缺刻较小，尾巴细短，肛门位于背甲后部边缘之内。龟背甲长到 10 厘米以上方可鉴别雌雄。

2. 繁殖习性　圆澳龟产卵行为从开始到结束大约只有 1 小时。圆澳龟爬上陆地 1～2 次，通常都在夜间或清晨，然后很快地挖 1 个浅巢，巢往往位于草丛之间，使卵难于被人发现。雌龟掩埋巢穴十分粗糙，也不用腹甲压紧土壤。人们通过在筑巢过程中被挖出来而没有填回去的泥土，来发现龟卵的巢穴。人工饲养下很容易繁殖后代，在海南，圆澳龟 3～7 月产卵，每窝 7～8 枚，最多 12 枚，孵化温度 28～32℃，孵化期 62 天左右。

四、养殖模式

规模养殖宜采用加温水泥池，池面积在数平方米至十几平方米，池深 40～60 厘米，池中搭建掩遮台，占池总面积的 25% 左右，池设进、排水口。

五、养殖技术

1. 龟的选择 挑选外形端正、无损伤、翻身敏捷、双眼有神、四肢有力、色彩艳丽美观、入水后随即下沉的龟作龟种。放养前还须做体表消毒，可用1～5毫克/升的聚维酮碘药浴5～8分钟。

2. 放养密度 放养密度与养殖条件和养殖技术有关，条件好、技术高可适当多放一些。作为观赏龟类，放养密度可适当加大。规格在150克左右的幼龟，每平方米放养50～80只；200～300克的幼龟，每平方米可放养30～50只；如规格再大点的，每平方米放养20只；种龟每平方米可放养5～6只。

3. 饵料与投喂 人工养殖可采用小虾、小杂鱼、瘦肉和动物内脏等，可与甘薯、南瓜、木薯、玉米粉等打碎混合，放置到饵料台投喂。也可采用浮性龟专用配合饲料，添加富含多维素及无机盐等营养素，幼龟投喂粒径为1～1.5毫米的浮性料，300克以上则宜投喂粒径2毫米的颗粒料。配合饲料日投喂量为龟体总重的2%左右。饲料分2次投在掩遮板台四周，尽量撒均匀。

4. 日常管理 投喂1小时后，应把残饵及时清理走，洗刷饵料台，还应把粪污残饵吸排出池；每2～4天换1次池水，换入新水水温与原水温温差不超过2℃，池水水深在20～30厘米。

5. 病害防治 在上述较高密度的温水养殖条件下，龟一般不发生疾病。但如果长期养在较低水温和污染水体中，也会患烂甲病。投饵不当，也会使龟患病。为预防龟病，除投喂营养全面的饵料之外，还需维持适宜的水温和保持良好的水质。投喂鲜活饲料，必须新鲜，腐败变质料坚决不喂，小鱼虾应预先消毒再投喂。

烂甲病：病原菌主要为嗜水气单胞菌、普通变形杆菌。症状为四肢（特别是脚爪之间的皮肤）和腹甲、角板出现斑点，角盾片脱落或半脱落状，病龟少食或拒食，不下水。治疗：在患部清除病灶病痂，用碘酊消毒或浓盐水蘸洗患处，擦干，抹上消炎生肌膏，干放，每天给龟饮水1次。同时药浴，药浴液体配制方法为：5千克洁净水加入0.1克罗红霉素，4小时后，仍干放，连续药浴3～5天。在施治前应给病龟饮水、喂饵。

六、注意事项

圆澳龟对水质要求较高，很敏感。用自来水饲养时容易腐皮，所以饲养时用老水为宜。另外，必须保持经常晒背，长期室内饲养必须配备紫外灯。

第八节　苏卡达陆龟

苏卡达陆龟（*Geochelone sulcata*），也称南非陆龟、苏卡达象龟和苏卡达龟（见彩图8）。其体型巨大，外观十分粗犷，活动性强，是野味十足的大型陆龟。分布于非洲的毛里塔尼亚、埃塞俄比亚、苏丹、塞内加尔、马里和乍得等国。

一、外形特征

其外形的主要特征是四肢圆柱状，前肢布满大块的鳞片，后肢基部具有2～3片明显隆起的尖锐鳞片，前肢具5爪，后肢具4爪，稚龟头部及四肢呈象牙色，成体棕黄色。成体背甲长达76厘米，体重可达100千克，属世界第三大龟，在非海岛型陆龟中属第一大陆龟。

二、生态习性

苏卡达陆龟属于陆龟，生活在非洲撒哈拉沙漠以南的草原地带，耐干燥，有挖地洞躲避高温和干燥的习性。为躲避白天的日晒高温，它们大多于黄昏或清晨活动。苏卡达陆龟适应的温度范围很广，原产地一年四季温差很大，冬季最冷时15℃，夏季高温达38℃，均能正常生活。苏卡达陆龟是植食性的动物，野生环境中主要依赖高纤维的植物，如青草、多肉植物、灌木等为食。

三、雌雄鉴别与繁殖特性

雄龟比雌龟大，雄龟背甲前缘向外翻卷，尾长且粗，腹甲凹陷；雌龟尾短，腹甲平坦。

每年秋季和冬季产卵，每次1～17枚。卵白色，圆球形，直径41～44毫米，孵化期7个月。海南地区1月和3月有产卵，可分批产，每窝14～20枚。

四、养殖模式

1. 室外养殖模式 自然光照和热量对于喜欢阳光的苏卡达陆龟的生长是非常重要的，因此，室外养殖模式是最适合的。可选择室外饲养场、庭院圈养、花园或楼顶养殖，地面最好为土质，不要打上水泥铺地。无论哪种场所养殖，都要给陆龟搭个窝或采用饲养箱。搭窝可选用砖石砌成，也可以用木板装订。苏卡达陆龟体型大，要有足够的空间和进出的门要大。养殖环境要种些草和树木，营造一个舒适的生态环境。还必须具备一个浅水池，以供苏卡达陆龟泡澡和饮水。苏卡达陆龟不会游泳，水池中水的深度根据龟的大小而定，以刚没过背甲为宜，避免被淹死。

2. 室内养殖箱养殖 室内养殖箱养殖模式以城市苏卡达陆龟爱好者养宠物为主。但由于此龟大便很臭，饲养者要及时做好清理工作，否则气味难以忍受。饲养箱最好选择 80 厘米的龟箱，随着龟的生长，2～3 年后还需更换更大的龟箱。龟箱内的摆设要简单，垫材使用无菌土、椰糠、木皮、树枝较好，定期消毒更换，不要放置石头、模板等容易让龟翻到的东西。

五、养殖技术

1. 环境因子的控制 苏卡达陆龟虽然适温范围很广，环境温度要保持在 10℃以上。生长的理想温度为：成体生活于 22℃以上较适宜，幼体生活于 25℃环境中较好。营造季节温差和昼夜温差（相差不高于 5℃），对提高龟的抵抗力有益。温度 32℃以上，会造成龟的食欲衰退、脱水、产生结石，并出现夏眠状态，活动力下降。环境温度过高，要采取遮蔽阳光、喷水等措施降温。

湿度：苏卡达陆龟在栖息地喜欢挖洞隐藏，以保持良好的湿度和温度，家庭饲养湿度 50%～60%比较适宜。如果龟的头颈、四肢出现脱皮现象，龟经常用前臂擦眼，睡醒后许久才能完全睁开眼睛，就需要提高湿度了。

2. 食物与喂养 苏卡达陆龟的食物应该是高纤维、低蛋白和低脂肪。在人工养殖条件下，选择青菜、多肉或嫩叶牧草、水果来投喂，如蒲公英、三叶草和苜蓿等牧草，香麦菜、莴苣、空心菜、卷心菜、胡萝卜和南瓜等蔬菜，番木瓜、西瓜、香蕉、苹果和梨子等水果。如果管理不当，苏卡达陆龟容易得结石，因此，少投喂含磷和草酸多的食物，如菠菜。苏卡达陆龟食量大，只要温度适宜，从早上到傍晚都可进食。因此，早上可以投喂足量的蔬菜、青草等食物，保证全天都有食物，如果下午已经吃完，傍晚可再投喂 1 次。水果糖分太多，可间隔几天喂 1 次。还要给苏卡达陆龟补充维生素和矿物质，可以直接购买水产拌料用多维和复矿拌到饲料中，还可以 2～3 天喂 1 次配合龟饲料来补充。环境温度低于 20℃，龟摄食量很少或停止摄食；温度低于 15℃停止摄食，此时要停止投喂。

3. 饮水和泡澡　如果是室外养殖的模式，养殖场所有水池只需要保持水池中有一定的水量，保持水质清新即可，苏卡达陆龟会自行饮水和泡水。如果是室内养殖箱养殖，必须要人工操作给苏卡达陆龟泡澡，泡澡时龟也会喝水。在浸泡完成后，最好给苏卡达陆龟全身消毒 1 次，再冲洗干净。稚龟每周泡 2～3 次，幼龟每周泡 2 次，成龟每周泡 1 次即可。提供的水盆要够大，使其能整个浸泡下去，但水不能太深，免得被淹。虽然苏卡达陆龟需要干燥的环境，但还是可以在潮湿的地方饲养。

4. 注意事项　一定要留意观察苏卡达陆龟的活动，因为在活动中翻倒后四脚朝天，翻不过身来，时间太久就会死亡，特别是在炎热的夏季。在翻倒的情况下，龟内脏的重量会压在肺部，也是致其死亡的原因。因此，在苏卡达陆龟的活动范围内，避免放置和建造能让龟翻倒的东西，如台阶、矮墙和石块。当然，龟与龟之间的冲撞也会造成龟的翻倒。因此，要定时巡视苏卡达陆龟养殖区。

第九节　乌　　龟

乌龟（*Chinemys reevesii*），别名中华草龟、草龟、香龟、泥龟、臭乌龟和金龟（见彩图 9）。主要分布在中国、日本和朝鲜。国内分布在河北、河南、江苏、山东、安徽、广东、广西、湖北、四川、云南、陕西等地，范围十分广阔，是我国龟类中分布最广、数量最多的一种。乌龟是最主要的食用龟，全身是宝。龟肉味道极其鲜美，蛋白质含量丰富，特别是以龟肉为主要原料配制而成的各种龟肉羹，已成为现时宴席上的高级名肴之一。乌龟还可以药用，龟底板是名贵的中药，它富含骨胶原和蛋白质、钙、磷、脂类、肤类和多种酶。李时珍曰："介虫三百六十，而龟为之长。龟，介虫之灵长者也"。据中医临床研究证实，龟板气腥、味咸、性寒，具有滋阴降火、潜阳退蒸、补肾健骨等功效。龟血还有抑制癌细胞的特殊功效。乌龟对环境的适应性强，水质条件要求比较低，对不良水质有较大的耐受性，高密度养殖时，无互相残杀现象，患病率低，养殖技术简单，20世纪80年代兴起乌龟的人工养殖。乌龟属于低档龟，价格较低，一般市场售价在每500克20～30元，群众的食用量大。近年，乌龟供大于求，滞销问题比较突出，养殖效益下降。

一、外形特征与雌雄鉴别

乌龟背甲为长椭圆形，头部较大，略呈三角形。头顶为橄榄色，头部侧面及咽部有黄色或黑色纵纹及斑点，一直延伸到颈部。背甲稍隆起，有3条纵棱。幼体时背甲棕色，成体后，雌性背甲棕色，雄性黑色。腹甲棕黄色并有黑色斑块。背甲腹甲间借骨缝相连，四肢灰褐色，粗短而扁平，为5指型，后肢比前肢粗大，均可缩入壳内，四肢有爪。指、趾间具全蹼。尾细长、灵活，基部可作90°的弯曲，遇敌时，尾巴可缩入壳内。

二、生活习性

乌龟为水栖龟，生活在河流、溪涧、湖泊和水库等水域中，也会爬到岸上隐蔽、潮湿的地方活动。冬天乌龟潜入水底、泥沙、洞穴中，夏季喜欢晒背，晴天时排上岸边晒太阳，然而一旦遇到惊吓立即跑入水中。

乌龟适合摄食和生长的水温是20～33℃，其最适生长的水温为28～32℃。超过33℃，摄食量下降；超过35℃，就要寻找阴凉处躲避高温；低于20℃，乌龟的活动能力和摄食量明显下降；环境温度降低到15℃，停止摄食；环境温度10℃左右进入冬眠，喜欢在水中、潮湿沙土和洞穴中越冬。

乌龟为杂食性动物，偏爱动物性食物。自然界中，乌龟的动物性食物主要有蠕虫、小鱼、虾、螺蛳、蚌、蚬蛤、蚯蚓以及动物尸体及内脏等；植物性食物主要有植物茎叶、瓜果皮和植物种子等。

三、雌雄鉴别与繁殖特性

每年4～10月为乌龟的繁殖期，在海南省每年1月开始产卵，5～6月达到产卵高峰，11月还会有少量产卵现象。通常，每次产卵1～5枚，个体大者产 10 枚左右，平均 8 枚左右。可分批产卵，一般每年 3～4 次。产卵时间多在黄昏和黎明，卵白色，长椭圆形，孵化期 57～75 天。

体重 100 克以下，雌雄难以鉴别。成体后，乌龟雌雄差异较大。雌体为棕色，腹面略带一些黄色，均有大块黑斑；脊棱明显，头顶黑橄榄色，前部皮肤光滑，后部细鳞。尾较短，体无异味。腹甲平坦，后端具缺刻。颈部、四肢及裸露皮肤部分为灰黑色或黑橄榄色。雄性体型较小，雄体背部为黑色或全身黑色，尾粗长，有臭味。

四、养殖模式

按照养殖设施，乌龟的养殖模式可分为土池养殖、水泥池养殖和稻田养殖；按照养殖对象，可分为单养和混养。混养主要有龟-鱼混养和龟-螺-蚓混养。为了提高质量，生产仿野生无公害龟，近年兴起了生态养殖。无论哪种养殖模式，首先要建设好养殖设施，地址应选择避风、向阳和灌水方便之处。

1. 土池养殖　土池养殖模式一般为大型养殖场所采用，可以单一养殖乌龟，也可以鱼龟混养，或者模拟自然环境进行仿生态养殖（见下面 4.）。土池可大可小，因地制宜，面积一般在 600 米² 以上，深度 1～1.5 米，池底坡度比为 1∶（2～3），一侧设进水口，中间设排水口。池周围砌 0.5～1 米高的墙，墙基入土 30 厘米，墙顶部 T 字形，防龟外逃。池内放养浮萍、水花生或水葫芦遮阴，约占全池面积的 1/3。水生植物可吸收水中的氨氮、亚硝酸盐，控制水体肥度，还可吸收水体中的有害重金属及有害物质，在夏季也可降低和稳定水温，为幼龟提供栖息、晒背的场所，为亲龟提供遮阴交配的场所。如果养殖种龟，还要设产卵房。

2. 水泥池养殖　水泥池养殖模式一般为工厂化养殖和庭院养殖所采纳，一般占地面积较小。水泥池的分布和建造要根据养殖场所实际情况，可大可小，形状可方可圆，面积一般在 4～30 米²，池深 0.5～1.3 米，池内要有排灌方便的进、出水口，池中设晒台或留有晒背的陆地。亲龟养殖池还要在池一端设产卵区。池内用约占池面积 1/3 的地方放养浮萍、水花生或水葫芦遮阴，约占全池面积的 1/3。小型水泥池主要用于稚、幼龟培育，大型水泥池用于成龟和亲龟养殖。

3. 稻田养殖　稻田养龟，是一种动植物互生同一环境生态互利的养殖新技术。也是稻田作物空间间隙再利用，不占用其他土地资源，又能节约饲养龟类成本，降低田间害虫危害及减少水稻用肥量等互补互利措施，不影响水稻产量，但却大大提高了单位面积经济效益。据浙江海宁市袁花镇名贵动物场的经验介绍，每亩稻田可产净龟增重是投入量的 1～2 倍，龟产值是水稻的 4～8 倍。

4. 无公害仿生态养殖 无公害仿生态养殖的乌龟，不仅符合无公害产品的要求，而且肉质好，价格高，深受消费者欢迎。此种养殖模式的龟池为土池，只是在围墙内水面周围留出一定面积的陆地，种植一些蔬菜、小草和小树，堆积一些石头、砖瓦，并铺上沙带。陆地带为龟提供了更广阔的活动场所，夏天上岸遮阴，低温时晒背，还可以供其产蛋。水中种植水葫芦或水浮莲，占水面的 1/3 左右。

池中混养鱼、贝和蚯蚓，不仅为乌龟提供天然的生物饵料，还可以借此翻动底泥，加速有机物分解，并吃掉部分龟的粪便及某些其他鱼类难以消化的藻类，加速水体能量循环、维护水体生态平衡，给乌龟营造一个仿野生栖息环境。

五、养殖技术

（一）稚龟养殖

刚孵化出的稚龟娇小、体弱，抵御外界敌害侵袭的能力较差，培育不当死亡率会很高，一般都经过暂养后才放入水泥池进行稚、幼龟的养殖。稚、幼龟的养殖模式，一般采用水泥池单养。

1. 稚龟暂养 稚龟出壳时的体重一般在 4 克左右，皮肤细嫩，体外还有少许卵黄囊没吸收完，不宜直接放入池塘养殖，而应进行暂养，细心培育，防止损伤造成细菌感染。开始时，一般在室内饲养，可先让其在细沙或蛭石上自由爬动，待脐带干脱收敛后，躯体由卷曲变为平直时，再把稚龟放在大盆或养殖箱中，水要浅，不要淹没稚龟，同时，放一些水浮莲供稚龟隐蔽和干露。尽量保持水温不超过 35℃，换水时温差不超过 3℃，用手摸水温无差异为准。饲养稚龟的初始放养密度，每平方米约为 100 只。头 1～2 天的稚龟因卵黄尚未被吸收尽，不需摄取外界营养。卵黄完全吸收后即可喂料，开始投喂水蚤、蝇蛆和红虫等，每天投喂数次，每次以吃饱和下次投时无剩余为度。2～3 天后可投喂配合饲料，还可以自配饲料，如用谷物、南瓜、地瓜、甘薯、小鱼虾等打碎混合做成饲料投喂。

2. 稚龟养殖　稚龟经过 1 周的暂养，就可以放到稚龟培育池中养殖。

（1）稚龟池建造　稚龟池一般由砖石建造，可建成长方形，四壁打上光滑的水泥或贴上瓷砖。面积不宜过大，3～10 米^2，池壁高 50 厘米，最大水深 30 厘米。池子一侧设食台，食台与池底通过斜坡连接，斜坡不宜太陡，可以用木板搭设，方便稚龟上岸晒背、摄食和休息，也可以多放一些砖瓦、石头作为休息台。食台设在池子与陆地相接处的平台上，方便稚龟取食并及时清理残余饵料。养殖池要有进、排水系统，进、出水口要设防逃栏栅。最好在稚龟池上罩上铁丝网，防治老鼠等敌害生物对稚龟的伤害，减少不必要的损失。

（2）放养前准备　放养前要用药物消毒养殖池。在池中放入半池水，泼洒漂白粉，使漂白粉浓度达到 10 克/米^3。用此消毒水冲洗整个池壁，浸泡 3 天后把水排出，放入干净的清水。如果是新建的养殖池，要用清水泡池半个月以上，期间换几次水，彻底除去水泥的碱性才可使用。

（3）养殖管理　稚龟的放养密度，每平方米不超过 80 只。放养时先在大盆中消毒龟体再放入，可用 10 毫克/升的高锰酸钾溶液或 3% 的盐水浸泡消毒 10 分钟左右。

稚龟的喂养，是日常管理的关键技术之一。最好采用稚龟专用人工配合饲料，蛋白含量在 40% 左右，营养全面，储存和使用方便，而且一般不带病原。也可以采用鲜活饵料，如鱼、虾、螺、蚌、畜禽内脏等为主，辅以植物性的瓜类、蔬菜及米饭等。水温 25℃ 以上时，每天投喂的饲料量可占龟体重的 5%，分 2 次投喂，6：00 和 18：00 各投喂 1 次。以后，随龟的摄食情况及环境温度等因素适当调整投喂量。

水质管理是日常管理的又一重点工作，龟池水深根据龟的大小来确定。刚放养的龟一般以水面没过龟体、稚龟抬头鼻孔能露出水面为宜。待稚龟生长到 10 克以上、游泳能力增强后，水深可在 10～30 厘米调节。养殖中要保持水质清新，稚龟摄食完后要及时清理残饵，必要时换水。要定期用药物对池水或稚龟消毒，以防病害发生。

此外，要及时对不同大小的龟分规格饲养，并保持环境安静。

当水温下降到 20℃ 以下时，应及时转入温室养殖或采取措施保温。无加温设备的，应采取越冬措施。如在水泥池上加盖塑料大棚，气温减低到 15℃ 后，在池内及时放入泥沙，浇上水，使泥沙湿润，以手能将泥捏成团，而且不出水，又能使稚龟能钻入泥沙为度。越冬期间不用喂食，但当泥沙过于干燥时，要适当洒水，以维持必要的湿度。气温过低时，可在泥沙上面加盖稻草保温。

（二）幼龟养殖

稚龟过冬后，翌年的龟则成为幼龟。幼龟培育的好坏，关系到龟的生产周期。幼龟养殖期应精心管理，加强喂养，使幼龟体质健壮，快速生长，缩短养殖时间。

1. 幼龟池建造 幼龟池面积不宜过大，为 20～50 米^2。池呈长方形，四壁打上光滑的水泥或贴上瓷砖。池壁高 1 米左右，池内最大蓄水深度 0.7 米左右，池底有一定的斜度，排水口设在最低点，进水口设在排水口对面的位置。池底铺一层 10 厘米厚的细沙。池中设 1 个平台供龟栖息、晒背。紧靠平台处用水泥板或木板设置饲料台，面积视放养龟的密度而定。

2. 放养前准备 与稚龟放养前的准备相同。

3. 幼龟放养 幼龟的放养密度一般约每平方米 30 只，放养前要给龟体消毒，方可放入幼龟池。大规模放养，可在稚龟池中给龟体消毒，数量不多可在塑料箱或盆中消毒。

4. 饵料投喂 幼龟的养殖最好用幼龟专用配合饲料，蛋白质含量要在40％左右，日投饲量占 3％～5％。饲料中要经常拌入一些瓜、叶菜类的青料，并绞碎或榨成汁均可。每天投喂 2 次，8：00～9：00、16：00～17：00 各投喂 1 次，每次投量以吃饱且无剩料为准。同时，还应定期在饲料中添加一些内服药物防病。

5. 水质管理 养殖水深可根据所养龟的个体大小而定：龟体重达到 200克左右时，最大水深可为 1 米左右；龟体较小时，最大水深宜在 0.5 米左右。一般加温饲养时，保持水温在 28～30℃，使幼龟常年在水温稳定的饲养池内快速生长。人工养殖时，由于龟的密度较大、养殖空间狭小、水温高等因素的共同作用，水质一般较易恶化，直接影响到龟生长发育，甚至受病菌侵袭患病或死亡。水质管理的措施是：要保持食台的清洁，避免龟带残余饵料到水池，加快水质变坏；在每次投喂的前后都要及时换水，在每次换水时，要特别注意水的温差不宜超过 3℃，否则容易引起龟不适甚至患病；每周用生石灰或 4 毫克/升的高锰酸钾溶液消毒 1 次，以达到改良水质、杀菌防病的目的。

（三）成龟饲养

成龟和亲龟的养殖在比较大的池塘中，一般为土池，或底部是泥土，四周斜坡打水泥。可单养，也可与鱼混养。

1. 乌龟的单一养殖技术

（1）放养时间与准备工作　放养时间应选在春天，当水温稳定在18～20℃时即可放养。放养前应对幼龟进行药物浸洗消毒。放养前的准备工作，包括进行龟池的修整、清塘、消毒，检查防逃墙是否有损坏，进、出水管是否完好。

（2）放养密度　单养时放养密度按照体重计算，控制在每平方米1～1.5千克龟。如放养50克左右的龟种，每平方米放养20～30只；如果放养200克左右的龟，则每平方米放养5～8只。

（3）水质管理　池塘的水深一般要1米以上，池水的透明度达到30厘米左右。根据天气情况增减水位，早春、晚秋气温不稳定，应适当加深水位，防止水温频繁、剧烈地变化；盛夏水温达到34～35℃时，水太浅水温会很高，应及时加深水位降温。当池水透明度在30厘米左右、溶氧量在4毫克/升以上，水质最适于龟的生长。水中氨氮的浓度对龟生长有重要影响，氨氮在20～30毫克/升时，龟生长正常；上升到70毫克/升时食欲减低，应及时换水；100毫克/升以上，容易引起疾病。水体中保持1/3的水面种植水浮莲、水芹、空心菜等水生植物，有利于降低氨氮，保持良好水质。定期使用光合细菌，是保持良好水质的有效办法。

一般情况下，在水质过肥和黎明时容易缺氧，应及时加注新水或开动增氧机增氧。每隔10～15天，加施生石灰10～15毫克/升或漂白粉1～2毫克/升。

2. 龟、鱼混养技术

（1）混养的好处　龟与鱼类混养，可以有效提高水体利用率，具有很多优势。乌龟主要以肺呼吸，不仅不与鱼类争氧，相反，由于龟的上下频繁活动，促进了上下水层的对流，增加了深水层的溶解氧。而鱼类可以直接摄食龟的残饵及粪便，减少水体污染，同时鱼类滤食一定量的藻类，可以防止水质过肥。

（2）放养密度　龟、鱼混养时，小龟可多放，大龟可少放。必须指出的是，个体太小的稚龟和50克以下的幼龟最好不作为混养对象。据报道，50～150克的龟每亩放养1 300～2 000只，即每平方米2～3只；150克以上的龟每亩放养700～1 000只，即每平方米1～1.5只。鱼种放养量控制在每亩放养800～1 000尾，鲢占50%～60%，鳙占10%～15%，草食性鱼（草鱼）占20%，杂食性鱼（鲤、鲫）占5%～10%，鱼种大小在15厘米左右。以上放养密度，乌龟每亩产量可达200～300千克，鱼亩产量可达400～500千克。

控温（水温多在28～30℃）养殖时，放养密度可适当加大，但要调控好水体环境，并做好病害的综合防治等工作，同时，坚持定时、定位、定量投喂营养全面的适口新鲜饲料或配合饲料，定期在饲料中添加维生素。

（3）饵料投喂 采用分开投喂的方法，先投鱼饲料，再投龟饲料。一般鱼饲料采用浮性配合饲料，定点设置投料机进行投喂，也可以人工定点投喂。龟的饲料最好采用粉状配合饲料，用搅拌机加工成团，放置在池塘向阳的斜坡上，与水面持平的位置。

据报道，开春后，可以采用植物性饲料养殖鱼类，还可以施肥培育水中浮游生物作为鱼的饲料。草鱼以投喂嫩草为主，早春有黑麦草、葛苣叶等，夏天以鹅菜、苏丹草及幼嫩旱草为主，日投喂量为草鱼、团头鲂总体重的 30% 左右。可以根据混养池水质肥瘦情况，适时投施一些有机肥或无机肥，保持一定的肥度，促进浮游生物的繁殖，为鲢、鳙等滤食性鱼类提供丰富的天然饵料。

（4）水质管理 水质管理是日常管理的重要内容。水质肥瘦适度，一般透明度在 30 厘米左右为宜。透明度过低，水色过浓，说明水质过肥，容易造成下午 pH 过高，早晨容易缺氧，还有倒藻的危险，此时要排出部分老水、加注新水，使池中水质肥而嫩爽，为龟、鱼创造良好的生态环境。透明度过高，水色过浅，说明水太瘦，缺乏浮游生物，水体同样容易缺氧，鱼不仅缺乏天然饵料，而且还会造成龟、鱼不安。

（5）日常管理 龟、鱼混养，要求早、中、晚巡塘 3 次。检查防逃设施，观察龟、鱼的摄食情况，注意水质变化，察看龟、鱼的活动和生长情况等。发现问题，及时采取措施。

3. 仿生态养殖技术 生态养殖，是指运用生态学原理，保护水域生物多样性与稳定性，利用多种资源，以取得最佳的生态和经济效益。乌龟的仿生态养殖因地制宜采取措施，在岸边种植牧草、矮树，铺沙堆石，水中种植水生植物如水浮莲、水花生和浮萍等，放养螺、蚯蚓和滤食性鱼类，既保持保持水质稳定、清洁，又为乌龟提供天然饵料，利用水生生物的多样性保持生态平衡，努力营造一个接近自然的生态环境。

安徽省六安市帮群水产养殖场进行了池塘仿自然生态养殖乌龟技术的研究，其做法与一般养殖方法的主要区别是：龟种放养前，在养殖池中种草及放养螺蛳。池塘消毒后灌水 50 厘米，在试验塘南侧固定培育紫背浮萍，覆盖率占 40% 左右；在试验塘四角固定种植水花生，覆盖率占 20% 左右。清明前在塘中投放活螺蛳，放养量为每亩 75 千克。螺蛳可以摄食乌龟的残饵、粪便，净化水质，同时，繁殖的幼螺为乌龟下池的天然饵料。水草和螺蛳需经高锰酸钾 20 毫克/升溶液消毒后入池。实验结果证明：试验塘比对照塘生长速度高 9.8%，平均成活率高 6.9%；试验塘种草养殖乌龟，促进了池塘底部有机质 的分解和营养盐的释放，降低了水体氨氮含量，提高了池塘透明度和理化因子 的良性循环，改善了池塘养殖的水体环境，降低了乌龟发病率；紫背浮萍是乌 龟喜食的优质水生植物，乌龟摄食大量紫背浮萍，从紫背浮萍中摄取丰富的维 生素和新鲜蛋白质，提高了乌龟免疫功能，促进了乌龟生长。

（四）病害防治

乌龟生命力强，很少患病。因高密度的制约，增加了疾病暴发与传播的机 会。寄生虫、真菌病等均是乌龟养殖中经常发生的典型病害，虽然其诊断相对 较细菌、病毒病容易，但其治疗难度大，且预防上不胜防范，疏忽大意，不及 时治疗，就可造成重大的经济损失。

1. 水霉病　乌龟养殖生产中最普遍、传播最快也较难以杜绝的一种疾病， 其病原体是藻状菌纲的水霉、绵霉。

【症状】水霉先从四肢、颈部着生，后蔓延至龟甲，最后整个乌龟就被水 霉完全包裹住，形成毛绒绒的一团，因此，又通常称其为白毛病。患有水霉病 的乌龟一般行动迟缓，摄食困难，生长停滞，身体瘦弱。

【治疗方法】首选稳定性粉状二氧化氯（含量 6.6%），用适量水将二氧化 氯溶解后，全池泼洒，使饲养水二氧化氯的浓度，幼龟池为 0.5 毫克/升，成 年龟池 2 毫克/升，间隔 1 天 1 次，连续泼洒 3 次；其次采用 8 克/米³硫酸铜 或硫酸铜与硫酸亚铁（按 5：2 合用），隔天 1 次，连用 3 次，水质越差，则其 使用效果越差。一般实施之后会有明显效果，但如果一个疗程不能根治，可以 重复再用。

2. 肝病变　患龟不摄食，活动迟缓，肝有泡状坏死，病因不明，有传染 性，应即时隔离患龟，暂无有效的治疗方法。

3. 肠炎病　俗称肠胃炎，是龟病中较常见的疾病。乌龟肠炎病发病多在 初春秋末，直接原因是此时环境温度变化较大，龟不能正常消化吸收。饲料变 质、生活环境恶劣，最易导致乌龟肠炎病的发生。发现肠炎病患龟及早隔离治 疗，以免传染。

【症状】患肠炎病的病龟起初精神不振，食欲减少，粪便不成型。严重时 呈蛋清状、黑色或生猪肝色，人工喂食时有吐食现象。后期眼球下陷，皮肤干 燥、松弛、无弹性、无光泽，最后衰竭死亡。剖检病龟，发现胃肠发炎、 充血。

【预防方法】在高发期，每20天喂1次地锦草药液，每50千克龟每次用地锦草干草150克或鲜草700克，煎汁去渣晾凉后拌入饲料中喂服。

【治疗方法】据报道，采用中草药方效果较好：黄连5克、黄精5克、车前草5克、马齿苋6克、蒲公英3克治疗。服药方法：把上述中草药干品放砂锅内加水适量文火煎煮2小时，取液去渣，待凉后加入切碎的猪肺（或牛、羊肺）500克拌匀后，用手把肺挤压几次，让药液吸入肺内，然后投放食台上喂龟。此方药为100克左右龟30～40只1天的用量，连用3天即愈。若病龟已食欲废绝，每只100克龟每次可肌内注射0.5毫升黄连素注射液，或鱼腥草注射液，或穿心莲注射液，稍有食欲后改用喂上述方药液。

4. 冬眠死亡 系越冬条件差、营养水平低所致。秋季加强投喂，提供越冬场所即可避免。

第十节 蛇鳄龟

蛇鳄龟（*Chelydra serpentina*），别名鳄鱼龟、小鳄龟和平背鳄龟等（见彩图10）。蛇鳄龟是世界230余种龟类动物中较为原始、特化的一种，产于美国及加拿大南部五大湖辽阔地域，其中美国较多，因产地不同而分化出5个亚种。蛇鳄龟是世界上出肉率最高的一种龟，同样重500克的乌龟，经除甲壳和内脏（未剔除骨骼）比较发现：乌龟肉重282克，占自身重量的56%；蛇鳄龟肉重364克，占自身重量73%。蛇鳄龟肉属高蛋白、高氨基酸、低脂肪、低胆固醇、低热量的高级天然营养食品，具有很好的滋补作用，补阴血、益精气，是久病体虚、产后进补、贫血失眠、脑衰退者的佳品。我国于1997年左右开始引进蛇鳄龟，成为主要的食用龟供应水产品市场。与乌龟等食用龟相比，蛇鳄龟有很大优势：生长速度快，产卵多，含肉率高，饲养方法简单。

一、形态特征

蛇鳄龟雌龟背甲达45厘米，雄龟比雌龟大得多。背甲卵圆形，棕褐色，每块盾片具棘状突起，后部边缘呈锯齿状（幼体明显）。腹甲呈十字形，且较小，黄色（幼体为黑色，散布白色小斑点）。甲桥宽短。头部棕褐色，呈三角形，上喙钩形，头部不能完全缩入壳内。颈部有棘状刺。四肢灰褐色，具覆瓦状鳞片，指、趾间具发达蹼。尾部较长，覆有鳞片，尾中央具 1 行刺状的硬棘。

二、生活习性

水栖龟类，日常则喜伏于水中的泥沙、灌木和杂草丛中，并时常将眼鼻伸出水面，但头不完全伸出水面换气或寻找食物。白天，蛇鳄龟常常伏于木头或石块上，有时也漂浮在水面换气。蛇鳄龟漂浮在水中时，借助其背甲上保护色——像一块烂木头漂在水中，很不容易被发现；偏肉食性，主食鱼、虾、蛙、蝾螈、小蛇、鸭和水鸟，间食水生植物、掉下的水果。人工养殖条件下，食鱼、肉及畜禽的下脚料等动物性饵料，也食胡萝卜、香蕉、苹果等瓜果蔬菜。喜夜间活动、摄食。蛇鳄龟不怕寒冷，不具炎热。当环境温度在 18℃ 以上，蛇鳄龟能正常吃食；20～33℃ 是最佳活动、觅食的温度；28～30℃ 是最佳生长温度；34℃ 以上少动，伏在水底及泥沙中避暑；15～17℃ 时尚能少量活动，有些龟也能觅食；15℃ 以下冬眠；10℃ 以下深度冬眠。适宜于 pH 6.8～8 的中性偏微碱性的水域栖息。

三、雌雄鉴别与繁殖特性

蛇鳄龟雄性龟背甲较长，尾基部粗而长，泄殖腔孔位于背甲后部边缘较远；雌性龟背甲较宽，尾基部较细，泄殖腔孔距背甲后缘边缘较近，位于尾部第 1 枚硬棘之内或与尾部第 1 枚硬棘平齐。

在我国南方，在仿照蛇鳄龟自然环境的养殖条件下，2 年龄即开始性成熟并可交配，翌年便可产卵，但以 4 年龄后产卵率高，产卵量大，受精率高。因此，挑选种龟应以 4～5 龄、同批龟中个体大者为好。

每年 4～9 月为蛇鳄龟交配季节。当水温达 20℃ 左右时，蛇鳄龟发情交配。每年 4～10 月为繁殖季节，每次产卵 11～83 枚，也有产卵 100 多枚的记录，通常在 20～30 枚。卵白色圆球形，直径 23～33 毫米，卵重 7～15 克。孵化期 55～125 天。稚龟重 10 克左右。据记录，保持温度 29～33℃，孵化时间均为 65 天左右，孵化积温约 2 000℃。湿度适宜，孵化出的稚鳄龟体型较大，体质较好；湿度过低，孵化出的稚鳄龟体型较小，躯体干瘪，体质差。孵化温度的高低，直接影响稚鳄龟的性别。当孵化温度为 22～28℃，孵化出的稚鳄龟多为雄性；当孵化温度高于30℃，或低于20℃时，孵化出的稚鳄龟多为雌性。孵化温度32℃时，孵化期65～70天。

四、养殖模式

（一）室外池塘常温养殖

池塘常温养殖模式，主要是成龟养殖中采纳的方式，室外池塘可以是水泥池、半水泥池、土池三种。稚鳄龟养殖则采用室内养殖箱或小水泥池养殖。常温养殖是广东、广西及海南常用的方式。

水泥池可大可小，按照养殖场地的面积、形状合理规划，一般以40～60米²为宜，水池由砖和水泥砌成，池壁平整、光滑，池壁顶端做成T形，防止龟逃走。池底平滑，具一定的坡度，池中设有陆地区、深水区、浅水区。池深50～130厘米，水深30～80厘米。根据龟个体大小而定，原则为龟小水浅、龟大水深。陆地占总面积20％～30％，供龟休息、活动及作饵料台，陆地和水面有20°左右的斜度。新建水泥池，要注意水泥内含碱性物质对蛇鳄龟的刺激，强碱物质易使龟的皮肤糜烂和口腔黏膜及眼睛角膜充血而引发炎症。因此，池子在放养前要用清水浸泡15天以上，期间多次换水，以去除碱性。如果急需用池，可以用1克/升的过磷酸钙溶入水中浸泡1～2天，中和碱性，然后注满水浸泡5～7天。在放入龟之前，先用15～20毫克/升的漂白粉或1毫克/升的强氯精对池水杀菌消毒，2～3天后方可放入龟。

半水泥池和土池的面积也没有硬性规定，过去的池塘较大（10亩左右），不利于养殖管理。近年来，建造的池塘越来越小（1～3亩），近期还有偏小的趋势（400～600米²）。半水泥池就是把土池的四壁打上水泥，无其他差别。半水泥池和土池也可以利用鱼池改造而成，在鱼池四周垒半米高的砖石水泥T形防逃墙即可。水面不能太小，以占整个养殖池面积的70％～80％，水深1～1.5米，平均水深为0.8～1.2米为宜，泥底，水面养水浮莲等净化水质的水生植物较好。

（二）温室养殖

虽然蛇鳄龟生长速度很快，但受温度影响很大，其最佳生长温度为28～30℃。创造一个最佳的生长温度环境，保持恒温30℃左右，10克左右的稚鳄龟，1年可长2.5～3.5千克，即10克左右的稚鳄龟，仅需1年就能养成商品龟，是常温养殖速度的3倍以上。但是此种养殖设施造价高，江浙及以北寒冷地区有采用此种养殖模式。

温室养殖，可采用全封闭多层温室和全封闭单层温室两种。温室大小自行掌握，一般为 500～1 000 米²。在温室中间设置过道和排水沟（排水沟上面搭上水泥板即成为过道），过道两侧建水泥池，池底设计成锅底形，在最低点设置排污口，铺设排污管，排污管开关设在池中过道一侧，便于操作。稚鳄龟皮肤娇嫩，稚鳄龟池池壁和池底最好贴上瓷砖，以免擦伤皮肤。多层温室的屋顶、四壁封闭，温室内无光，多采用钢架混凝土结构，屋顶、四壁和池底均填加保温材料，地面至屋顶高度为 3～4 米，室内设置 2～3 层的水池，养殖池上面设置热水管和增氧管，养殖场配备锅炉和鼓风机。其优点是：墙体坚固耐用，使用时间长；密封性能好，水容积大，热量散失少，容易保持水温恒定。单层温室墙壁用砖和水泥砌成，地面至屋顶高度为 1.5～2 米，室内只有 1 层水池，用普通的采暖炉加温即可，造价也远低于多层温室。

（三）温室-池塘两段法养殖

为适应人们青睐绿色食品的消费潮流，引进蛇鳄龟后采用室内和池塘相结合的养殖模式，其产品肉质与野生龟无异，深受消费者喜爱。

两段法养殖的关键是：冬季和春天在室内养殖，采用塑料泡沫和薄膜围住饲养容器或整个床架形成温室效应，用电或其他加热方式升温，保持温度 25～30℃，保障蛇鳄龟正常生长。夏季气温升高至 20℃ 以上，将龟转出到室外龟池饲养，尽量投喂天然饲料。可在池水内混养小杂鱼、鱼鳅、螺蚌等，池周围地可养蚯蚓、蝇蛆或其他昆虫，人工投喂或让龟自行采食均可。数十天后蛇鳄龟肉质就与野生蛇鳄龟一样，以满足美食者的绿色食品口味。

五、养殖技术

（一）稚、幼蛇鳄龟养殖技术

1. 稚鳄龟暂养　受精卵经 55～125 天的孵化，稚鳄龟出壳。刚出壳的稚鳄龟护理不当极易死亡，因此首先要经过暂养阶段，精心护理，提高成活率。刚出壳的稚龟重 4～7 克，背甲长 24～31 毫米，每平方米放养 50 只。刚出壳的稚鳄龟腹部多有尚未吸收的卵黄囊，这样的稚鳄龟多数不吃食。用 70% 酒精消毒肚脐部位，并检查其肚脐是否收好。肚脐收好的稚鳄龟，移入容器中暂养；肚脐未收好的稚鳄龟，每天消毒 2～3 次，消毒后离水干放，待肚脐完全收好后再放入水中暂养。不同规格的稚鳄龟分开放养，同池的稚鳄龟应规格一致，体重相差不宜超过 2 克。刚出壳的稚鳄龟非常娇嫩，背甲、腹甲均较软，若放在水泥池内饲养，易擦破腹甲、四肢及爪，故应放在搪瓷盆、塑料盆内饲养，水深 2～4 厘米。加水时应缓缓倒入，速度不能快，以免稚鳄龟呛水。稚鳄龟在温室内静养 3～5 天，卵黄囊吸收和羊膜自然脱落后，可用红虫、熟蛋黄、碎肉投喂。饲养 5～7 天后，将稚鳄龟移入池内饲养。

2. 稚、幼龟培育

（1）苗种选购 将稚鳄龟放入深 8～10 厘米的水中，观察 5～10 分钟，浮在水面的龟不宜挑选，沉在水底的龟单独摆放，再逐个检查龟的外表。另龟爪断缺后（从指的根部断），不能重新长出，因此，四肢、爪必须完好，尤其后肢的爪不能断缺，否则将影响龟挖卵穴。

（2）苗种放养 稚鳄龟放养前，需用 1‰ 呋喃唑酮水溶液浸泡 5 分钟。将稚鳄龟按照大小分开，分池饲养。10 克左右的稚鳄龟，放养密度为 30～40 只/米² 为宜；体重 25～50 克，放养 50～70 只/米²；体重 50～100 克，放养 30～50 只/米²；体重 100～300 克，放养 20～30 只/米²；体重 300～600 克，放养 10～20 只/米²。水深随龟的生长逐渐加深，50 克以下时，以高出龟背 3～5 厘米为宜。

（3）饵料投喂 暂养后的稚鳄龟，活动较大，摄食能力强。一般投喂熟蛋黄、红虫、黄粉虫、蝇蛆及瘦猪肉糜等。由于人工配合饲料营养全面，储存使用方便，逐步驯化稚龟摄食配合饲料。每天在池中饲料台上撒下事先浸泡发软的适口膨化颗粒饲料，用量以出壳稚鳄龟体重计，每天逐步递增，第一天为 1.5%，第二天 3%，直至第 7 天达到 7% 左右，阴雨天酌减。

用配合饲料养殖稚鳄龟和幼龟，最好选用膨化颗粒饲料，养殖效果优于单纯喂小杂鱼和粉状配合饲料。在湛江自然温度下，分别用冰鲜鱼、水产配合粉料、水产膨化颗粒饲料 3 种饵料饲养 20 克的蛇鳄龟 289 天，结果显示，冰鲜鱼、配合粉料和膨化颗粒饲料组平均体质量分别由 9.7 克增加至 168.6 克、9.5 克增加至 269.5 克、9.9 克增加至 359.0 克，膨化颗粒饲料组生长速度最快，冰鲜鱼组生长最慢；每千克龟的饲料成本，冰鲜鱼组为 32 元，配合粉料组 38.7 元，膨化颗粒饲料组 24 元，说明用膨化颗粒饲料养殖蛇鳄龟的饲料成本低很多。

温度对蛇鳄龟的摄食和生长影响很大。当温度 20～33℃ 时，龟能正常进食，其中，25～28℃ 时摄食量最大。当温度 15～17℃ 时，大部分龟已停食，较少活动，随着环境温度的逐渐降低，稚鳄龟进入冬眠。低温抑制蛇鳄龟的生长，研究报道，3～11月冰鲜鱼、配合粉料和膨化颗粒饲料组月平均增长率分别为64.6％、76.3％、100.6％，12月至翌年2月此3组的月平均增长率分别是12.8％、35.3％、37.2％，各组均显著高于12月至翌年2月的平均增长率。因此，在推广蛇鳄龟规模化养殖中，恒温下使用膨化颗粒饲料养殖较好。

自然温度养殖蛇鳄龟，要注意根据季节和温度变化增减投喂次数。初春，稚鳄龟刚刚苏醒，活动能力较弱，温度不稳定，不可多喂食，每3天喂1次，宜在11：00～14：00喂食。晚春和夏季，稚龟每天投喂2次，8：00～9：00、17：0～19：00各1次。秋季，早晚气温变化较大，宜在10：00～11：00喂食，每天1次。投喂量以投喂后1小时能吃完为宜。

（4）水质管理 将池水深度调节到10～15厘米，培养池水呈淡绿色，pH 6.8～8以内，并放入占全池1/3面积水葫芦，在这样的水内有荫蔽感，活动量少，娇嫩的皮肤不致互相抓伤。初春和秋季，早晚气温不稳定，水温变化大，所以，日常管理中应勤测量水温，且测量水面和水底的温度，温差不宜超过3～5℃，否则龟易患病。夏季，稚龟进食多，排污也多，水质极易败坏，每次喂食后，应及时清除残饵，换水时彻底清洗池底并消毒。气温较高时，应搭建遮阴棚，适当增加水位。冬季加温饲养的龟，换水时应特别注意新陈水温的差异不能过大，一般不超过2～3℃。

室内加温养殖，喂完饲料后就要换水，保持水质清洁。换水时先排去旧池水，冲洗干净后再加注新水至原来水位，保持水位的相对稳定。加温养殖时，换水前先预温，保持温差在2℃以下。换水时清除残饵，并清洗饲料台。

（5）筛分管理 蛇鳄龟生长较快，据报道，平均重186.6克的蛇鳄龟，经116天人工饲养，平均重可达574克，增重率为208％，平均日增重3.34克。生长速度快，经过一段时间的养殖，个体之间出现大小不同，会有大欺小现象，使差异进一步加大。为避免分化越来越大，把不同规格的龟分开养殖。把大小相差不大的个体调整到同一池中饲养，个体稍大的放于一池，个体略小的另放一池。以后每相隔一段时间，又出现不同个体的生长差异，继续根据不同规格分开养殖，保持规格一致。

（6）越冬管理 自然条件下，每年10月至翌年4月是稚鳄龟冬眠期。根据稚鳄龟不同的出壳时间，采取不同的饲养方法。若7～8月孵出的稚鳄龟，必须强化培育，增投营养全面的饵料，若稚鳄龟体重达30克以上，可使稚鳄龟自然冬眠，将它们作为成龟预留。若9下旬、10月初孵出的稚鳄龟，因其体内贮存的物质不能满足漫长冬眠期龟体内能量的消耗，因此，应安装增温设施，使水温恒定在28～30℃，不让稚龟冬眠，使其继续生长。

（二）成龟养殖

1. 放养　放养前，要给养殖池消毒。如果是水泥池，水池加约50厘米水，加入漂白粉消毒，使漂白粉浓度达到15～20毫克/升，用消毒水泼洒整个池壁及料台和休息区，浸泡2~3天后待余氯消失，添加水到需要的深度，把水培育呈黄绿色。如果是室内加温养殖，不需要培水。幼龟消毒后将大小相近的个体放在同一池中饲养，500克左右的幼龟放养密度为4～6只/米²，以后每隔一段时间，当出现不同个体生长差异时，继续根据不同规格进行分级、分池养殖。

2. 调整放养密度　随着个体的不断增长，及时调整放养密度，适当分级养殖。体重600～1 200克，放养5～10只；体重1 200克以上，放养3～5只。

3. 饵料投喂　每天投喂2次，投喂小杂鱼或人工配合饲料，投喂量为龟体重的3%～5%。7：00～8：00投喂1次，投喂量占全天的1/3；17：00～18：00投喂1次，投喂量占全天的2/3，每次投喂2小时后将剩饵清除。最好采用龟用膨化配合饲料，营养全面、使用方便、储存方便，特别是由于饲料漂浮在水面，可以直接观察龟的摄食程度，沿池边来回投喂，待龟吃饱离开后停止投喂，不浪费饲料，又不易污染水。人工配合饲料的日投饵率约为2%，鲜活饵料的日投饵率约为8%。

4. 水质管理　水质管理是保障其摄食量大、病害少、生长快的一个重要环节。室外土池和水泥池，在养殖池中种植水葫芦调节水质，进行水质调控，能够起到较好的效果。根据水质变化，适时换水，土池每次换水量在20%左右，使水呈黄绿色，土池的透明度在25～30厘米，水泥池的透明度在10～20厘米。在初冬、晚秋和冬季天气寒冷时，一般不需要换水；在气候温暖的季节，除换水外，最好15天左右泼洒1次漂白粉或二氧化氯等消毒剂，防止病害发生。水泥池养殖，在5～9月，天气炎热，水质容易变坏，每天换水1/3～1/2，每7～15天清洗1次，保持水质清新，透明度控制在25～30厘米，水呈淡绿色。每个月根据水质和龟的健康状况，对水体消毒，减少或杀灭水中的病原菌。

5. 日常管理　每天早晚、投喂前后巡池检查，观察龟的活动、摄食、生长情况，发现问题及时处理。每周将水池清洗消毒1次，根据龟的健康状况，对龟进行消毒。保持规格一致，合理密度。

冬、夏两季温度寒冷或高温酷暑，管理要特别注意。夏季气温较高，室外露天水池在池边、池上挂遮光网布遮阴，防止太阳直晒，并适当加深水位，保证水温不超过 33℃，防止中暑；冬季气温低，保持环境安静，避免惊动，影响冬眠，同时，做好防寒、保暖工作，保证水温不低于 3℃，防止冻伤，引起病变。

6. 捉拿　20～50 克的幼体较温顺，不主动伤人。500 克左右蛇鳄龟具攻击性，但不如成体蛇鳄龟凶猛。捉拿蛇鳄龟时一定要谨慎，千万不能低估蛇鳄龟的攻击能力。蛇鳄龟腹甲较小，仅有背甲的 50%～60%，故四肢大腿部非常发达、粗壮；蛇鳄龟四肢较长，当前肢强壮的爪攀住物体，后肢和尾支撑地面时，龟能直立。蛇鳄龟爬行时，四肢将自身支撑起，跨步距离大，速度较快。此外，蛇鳄龟的颈部较长，头部活动灵活，攻击时有蛇一样极快的速度。故捉拿和移动蛇鳄龟时，切记小心谨慎。

(三)种龟养殖技术

1. 种龟选购　种龟是指在自然条件下生长、年龄达 3～4 年、体重达 1 千克以上的鳄龟，主要用于繁殖。商品龟是指经过加温饲养，体重已达到种龟的体重，但产卵少或不产卵，多用于食用、药用和观赏。鉴别种龟和商品龟的方法是：商品鳄龟的腹甲肥厚，四肢肌肉饱满，四肢收缩时，四肢腋窝、胯部肌肉突出；种蛇鳄龟的四肢肌肉消瘦，四肢伸展时，四肢腋窝、胯部凹陷。由于种蛇鳄龟销路好，货源紧缺供不应求，市场上一些养殖户将商品蛇鳄龟冒充种龟，故选购种蛇鳄龟时应谨慎。分清种龟后还要检查种龟的健康状况，应选择龟体健壮、无病无伤的龟，首先挑选反应灵敏、两眼有神的龟，再查看其体表，无创伤溃烂，用手向外拉其四肢，感觉非常有力，不易拉出，最后刺激其头颈伸缩自如，当腹甲朝上时能迅速翻转过来。目前，市场上出售的 1～2 千克的蛇鳄龟，大部分是养殖户 2 年前引进 5～10 克的稚鳄龟经加温饲养而成，少部分是直接引进的。所以选购种龟前，必须搞清楚种龟的来源。选购过程中，不能单方面以龟的体重来判别龟的年龄，以防上当。

2. 种龟池的准备与种龟放养　种龟池可采用水泥池、半水泥池、泥池三种方式养殖。池面积因地制宜、可大可小，一般以 400～600 米^{2}为宜，既有利于管理，又利于种龟的活动。池中水面部分占整个养殖池面积的 70%～80%，水深 1～1.5 米，平均水深为 0.8～1.2 米为宜。以泥底为好，水泥池中铺一层泥沙，水面养水浮莲等净化水质的水生植物较好。新建水泥池，要注意去除水泥的碱性后再使用。在放入龟之前，先用 15～20 毫克/升的漂白粉或 1 毫克/升的强氯精对池水杀菌消毒，2～3 天后药性消失，开始培水，水变成黄绿色方可放入龟。

种龟放养以雌雄比例 3：1 或 2：1 为宜。种龟经消毒液浸泡后，再放入事先准备好的池塘中，放养密度以 1～1.5 只/米² 为宜。种龟消毒方法，可采用 25 毫克/升的高锰酸钾或 5％的盐水消毒液浸泡 10～30 分钟。

3. 种龟培育

(1) 日常管理　每天早晚、投喂前后巡池检查，查看养殖设施是否完好，观察龟的活动、摄食、生长情况，发现问题及时处理。观察水色、测定水质，保持水质清新，透明度控制在 25～30 厘米，水淡绿色。根据水质情况适时添换新水，换水时，新陈水的温差不宜超过 5℃，新水的温度最好偏高一些，以防龟肠胃不适。用生石灰、漂白粉或聚维酮碘对水体消毒，减少或杀灭水中的病原菌，间隔使用光合细菌。水泥池每 7～15 天清洗 1 次。

(2) 饲料选择与投喂方法　投喂小杂鱼或人工配合饲料，投喂按照定时、定位、定量、定质的"四定"原则进行。每天 17：00～18：00 投喂 1 次，若喂小杂鱼，则占体重的 3％～5％；喂配合饲料，则约占体重的 1％。具体投喂量以投喂后 2 小时吃完为宜，吃不完的饲料及时清除；动物性饲料要求新鲜、无污染，配合饲料现做现喂。

(3) 春季管理方法　初春之季（2～3 月间）气温不稳定，高温时龟爬动且吃食，低温时则停止摄食，如果能量又不能及时得到补充，就会消耗体内能量，不仅体质下降，而且会影响卵的数量和质量。所以，在 2 月下旬或 3 月下旬时，根据龟的体质状况人为加温，将水温保持 25℃左右，尤其是夜间更为重要。在喂食上，应掌握量少质高的原则，第一次投喂的量不可过多，以龟体重的 1％为宜，每周投喂 2 次。换水时，新旧水的温差不宜超过 5℃，新水的温度最好偏高一些，以防龟肠胃不适；水位保持在 1 米左右，有利于保持水温。经常更换水，透明度宜控制在 20～25 厘米，水色以淡绿色为佳。

(4) 夏季管理方法　夏季气温较高，有的地区大伏前后野外气温高达 40℃，地表温度超 60℃，水面温度超 45℃，此时应加深水位，使水位保持在 0.8～1 米，露天池子要遮阴 1/5 以上或池内放养浮萍、水浮莲、水花生等水草降温，也可在池边植几棵树。夏季的饲养方法较简单，一般每天喂食 1 次，喂食后 2～3 小时换水。

(5) 秋季管理方法　初秋季节（10 月左右），中午前后气温较高，龟爬动较大，喂食应在 10：00～11：00，投喂的食量应相应增大，使龟体内储存足够的营养物质，以确保其安全越冬。15：00～16：00捞净残饵，隔天或根据水质情况换水。11～12月间气温不稳定，白天温度偏高时，龟不但爬动且吃食，当夜晚温度降低，龟则冬眠，根据经验，龟处于这样的环境中易患病。因此，11～12月间，若温度升高，应少量或不喂食。

（6）越冬管理方法　体质健康的龟，应使其自然冬眠。水温1℃以上能安全越冬，－2℃时龟不死亡，但早晨要把冰层打碎，并盖上塑料膜保暖。若龟数量少，可把龟移入室内容器中越冬。对体弱或浮于水面的龟应加温饲养，控制在25℃以上，正常喂食。

（四）种苗繁殖

1. 孵化设施

（1）温室建立　温室形状多为长方形或正方形，大小依据种龟多少而定，一般为8～15米^2。温室宜选择坐北朝南、背风向阳、地势较高且干燥的地段。离地20厘米处开1个20厘米×20厘米的气窗，门高2米、宽0.8米。室顶为平顶。室内东、西、北挖宽0.6米、深0.15米的地沟，地沟底部各留1个直径5厘米左右的排灌水管，水管口用网罩好，防止稚龟落入地沟逃走，也防止其他敌害侵犯。东、西两侧地沟上摆放用角铁制作3～5层的孵化架，防止蚂蚁、鼠等敌害破坏卵。温室内可用空调或电热管取暖器保持温度。

（2）孵化箱　孵化箱可用木箱、塑料箱，大小根据孵化架而定，一般40厘米×30厘米×15厘米较实用。无论用木箱或塑料箱，为便于通风透气，沥水，必须在箱底和箱壁处钻数个直径为0.2厘米的孔眼。

（3）孵化介质　孵化介质指孵化用的材料。大规模工厂化生产，可用海绵和沙相结合的方法。沙用0.8毫米的沙为宜，海绵用2厘米厚的无毒海绵。沙和海绵使用前必须用水洗净，消毒。

（4）其他　除以上设施外，还需准备喷水壶、温度计、湿度计和塑料桶等小型器具。

2. 受精卵的收集与摆放

（1）收卵　蛇鳄龟产卵多在夜间，故收卵时间宜在每天8：00～10：00。收卵时不宜立即进入产卵场，以免踩碎龟卵。正确方法是：先查看沙是否被翻动、是否湿润、是否有龟爪痕迹。然后在有痕迹的地方做好标记，第2天再收卵。收集的卵静放4天左右，将未受精卵剔除；受精卵捡出，放置另一孵化箱内，换箱后的卵不再移动。如果不检查，将收集的卵全部孵化，未受精卵在长期孵化过程中会变质、发臭，招来蚂蚁或蟑螂，也会影响其他受精卵的孵化。

（2）受精卵的摆放　将受精卵放置在底部铺湿海绵的沙盘内，海绵上放 1 厘米厚湿沙的孵化箱内，卵与卵间距离为 1 厘米左右，卵上覆盖 2.5 厘米厚的湿沙。

3. 孵化管理

（1）温度控制　温室内温度通常保持在 22～34℃，温度高低直接影响稚鳄龟的性别。当孵化温度为 22～28℃，孵化出的稚鳄龟多为雄性；当孵化温度高于 30℃或低于 20℃时，孵化出的稚鳄龟多为雌性。

（2）湿度控制　湿度控制在 80％～85％，孵化箱内沙的含水量保持在 6％～8％为宜。资料表明：湿度适宜，孵化出的稚鳄龟体型较大，体质较好；湿度过低，孵化出的稚鳄龟体型较小，躯体干瘪，体质差。

（3）日常管理　温室内需保持良好的空气，每天中午开启气窗 10～15 分钟，使温室内空气对流。温室内长期放置 2～3 桶清洁水以备用。孵化期间，需经常观察沙的湿度情况，若沙表面发白、手捏即干散，应用温室内的清洁水喷洒（不宜用室外水，水温度差异过大，影响沙的温度），并将表面板结的沙耙松，利于通气。此外，每个孵化箱都要做好孵化记录，包括入孵日期、卵数、温度和湿度等内容，并贴在孵化箱上，做到一目了然。

4. 病害防治　虽然蛇鳄龟病害极少，但是在高密度的人工养殖条件下，养殖管理不到位，不做好防病工作，也会发生一些疾病，不及时采取治疗措施，会造成一定的损失。下面介绍几种蛇鳄龟常发生的病害。

（1）肠胃炎　一年四季均有发生，夏初至秋末摄食旺期发病较多，多发生在摄食量大、进入快速生长阶段的幼龟、成龟。

【症状】行动迟缓，近岸活动，食欲减退，摄食减少，粪便稀烂、有黏液或脓血。解剖可见，肠胃肿胀，有积液，胃、肠壁上有出血点。

【病因】投喂量太大，龟摄食过多，消化不良造成；投喂未彻底解冻或冷藏的食物；投喂不新鲜乃至变质的食物；或长期水质不良，气候反常、温度突降等，均可引起患病。

【防治方法】喂药饵，按体重计算拌药量，每千克体重用诺氟沙星 35 毫克、10％的氟苯尼考 200 毫克或土霉素 75 毫克。

（2）外伤炎症　一年四季均有发生，各个生长阶段均可发病，长期感染可引发其他疾病，导致死亡。

【症状】头颈、四肢、尾等部位受伤，呈灰白色，局部红肿、发炎，组织坏死。

【病因】捕捉、运输过程操作不当引起龟受伤，或者由于蛇鳄龟较凶猛、爱打斗的习性、互相争抢食物误咬伤，繁殖季节雄性个体斗咬受伤等，均可引发此病。

【防治方法】新鲜创伤流血者先涂云南白药止血，干放 8～12 小时，再用 20 毫克/升的高锰酸钾溶液浸洗消毒。旧伤用双氧水清洗伤口，用紫药水或四环素软膏涂抹患处，干放 30 分钟，每天 2 次，连续 3～5 天。

（3）咬尾　一年四季均有发生，秋季和冬初发病较多。稚、幼龟的常见病，成龟较少发生。不及时发现，带有血腥的受伤龟更易引起其他龟的撕咬，有可能被咬到尾巴根部。患龟死亡率不高，但影响商品价值。

【症状】尾部被其他个体从末端咬断，出血。

【病因】食物单调，营养不全面，缺乏维生素或某种微量元素等引起斗咬，咬断尾巴；或龟体沾上食物被其他个体咬伤，尾巴出血后引起其他个体争咬。在饲养密度大、卫生条件差及管理跟不上时容易发病。

【防治方法】在饲料中添加多种维生素。断尾个体分开养殖，并用紫药水涂抹患处，干放 30 分钟，每天 2 次，连续 3～5 天。

水霉病、腐甲病等其他病害参考其他章节。

第十一节　红耳彩龟

红耳彩龟（*Trachemys scripta elegans*），别名麻将龟、翠龟、红耳龟、巴西龟、秀丽彩龟、七彩龟和彩龟等（见彩图 11），其中，巴西龟名称使用最多。红耳彩龟原产美国南部及墨西哥东北部，巴西没有分布。20 世纪 90 年代早期，国内开始饲养繁殖，目前已大量繁殖，成为宠物市场、食用市场常见种类，一年四季均有销售。

一、外形特征

红耳彩龟的体色因年龄大小存在差异，幼龟和亚成体龟颜色比成体颜色较鲜艳，随着龟龄的增加，体色变暗淡，以褐色和深绿色为主，头部的红色斑纹接近红褐色、深红色。幼龟和亚成体的背甲绿色，具数条淡黄色与黑色相互镶嵌的条纹，背甲椭圆形；腹甲淡黄色，布满不规则深褐色斑点或条纹。头部绿色，具数条淡黄色纵条纹，眼后有 1 条红色宽条纹，故名红耳彩龟。四肢绿色，具淡黄色纵条纹。尾短。

二、生活习性

红耳彩龟属水栖龟类，生活于池塘、湖泊和河塘等地，杂食性，捕食各种肉类、植物茎叶和瓜果。人工饲养条件下，喜食螺、瘦猪肉、蚌、蝇蛆、小鱼及菜叶、米饭、五谷杂粮和瓜果蔬菜等。龟喜在水中觅食，摄食时先爬近食物，双目凝视，然后伸长颈脖，咬住食物并吞下。若食物过大，则借助两前爪将食物撕碎后再吞食。

每年的 4 月底至 10 月初活动量大，最适环境温度为 20～32℃，13～15℃是龟由活动状态转入冬眠状态的过渡阶段；10℃左右龟进入冬眠，气温低于10℃以下时，龟处于完全冬眠状态；3 月上旬，温度 10～15℃，龟虽已苏醒，少量爬动，不觅食；清明过后气温 20℃以上，龟开始爬动，随着温度的升高，龟开始觅食活动；在 35℃以上时，不适应或蛰伏不动。

三、雌雄鉴别与繁殖特征

红耳彩龟性成熟比乌龟要早，华中地区常温养殖条件下，雌龟和雄龟 4 龄即可性成熟。雌雄个体在体色上无特别差异，但体型上区别较大，雌龟体重通常 1 000 克以上，雄龟体重通常在 250 克以上。雌龟尾短，尾基部细，泄殖腔孔距腹甲后缘较近；雄龟尾长，尾基部粗，泄殖腔孔距腹甲后缘远。

因地理条件、气候等因素，各地产卵时间不同，一般每年 4～10 月为繁殖季节，每次产卵 1～17 枚，1 年可产卵 3～4 次，每次间隔 15～30 天，每次产卵 6～10 枚，少的 2 枚，多的达 10 枚以上。气温 26～32℃、水温 28～32℃是产卵的最佳温度。卵长径 29～31.4 毫米、短径 15.4～18.9 毫米。卵重 5～6.79 克，稚龟重 4.2～6.9 克。在长沙地区，4～10 月有交配行为，7～8 月傍晚和清晨最频繁；5～8 月为产卵期，6～7 月是产卵高峰，每窝至少 4 枚，最多 22 枚，通常以 12 枚较多，雌龟产卵量与年龄、体重、营养条件及生态条件等因素有关。在海南，每年 2～3 月开始产卵，一直延续到 7 月，4～5 月是产卵高峰。所以，海南的红耳彩龟苗要比内地早孵化出 2 个月左右。

四、饲养模式

红耳彩龟在我国已有 20 多年历史，红耳彩龟适应力非常强，生长速度快。稚龟、幼龟的饲养试验发现，在华中地区 400 只龟经 200 天试养，起水 362 只，成活率为 90.5%。红耳彩龟稚龟生长至 100 日龄时，个体均重从 5.10 克增重到 67.24 克，个体净增重 62.14 克，日平均增重 0.62 克。科研工作者还发现，将红耳彩龟与中华鳖混养于 29～32℃ 水温中发现，红耳彩龟的抢食能力比中华鳖强，其日均增重率比中华鳖高 0.08%，生长速度明显加快。红耳彩龟生长速度比乌龟快，常温养殖，1 龄体重可达 20 克以上，2 龄龟体重 300 克，3 龄生长加快，体重可达 600 克以上；加温、控温养殖，1 年体重可达 500 克，2 年可达 1 000 克。雄龟的生长速度比雌龟慢，个体也小些。由此说明，红耳彩龟比中华鳖和乌龟生存能力强。

此外，稻田养龟、温室养龟、鱼龟混养等饲养模式已试验成功，现就稻田养龟和鱼龟混养经验总结如下。

(一) 稻田养龟

稻田养龟对稻田的改造要求较严，防逃设施特别重要，饲养红耳彩龟方法简便，容易掌握，劳动强度小，龟在生长期内几乎没有发生疾病，养殖效益明显高于传统的单一稻田耕作方式，是一项短平快的致富项目，适于向广大农村地区推广。

据吴建军 2000 年报道，900 只红耳彩龟放在改造后的 2 400 米² 水稻田中经 150 天试养，起水 847 只，成活率 94.1%，平均只增重 328.7 克，折合每亩净产龟 76.5 千克，产稻 320 千克，纯利润 8 114.2 元。

试验田位于湖南株洲市，试验田面积 2 400 米²，东西向，长方形，稻田位置偏僻，地势低洼，但无渍水之患。稻田土质为壤土，田埂结实，保水性能良好，田外有一水渠，进、排水独成体系，水质良好。

1. 稻田改造 在稻田离田埂 2 米处开挖环沟，包围整个稻田，环沟上宽 2.5 米、深 0.8 米，环沟两面呈梯形，两边约 75° 的坡度，用三合土夯牢，防止环沟倒塌。田中间加挖宽 1.5 米、深 0.8 米的十字形水沟与环沟相通。在环沟靠田埂一侧，建露台，每隔 20 米建 1 个 3 米² 露台，既可做摄食，又可作晒背台，此台一直延伸至田埂，便于投食。为防治龟逃窜，田埂需加高 40 厘米，用开挖出的土方加高，顶宽约 40 厘米，用三合土夯实，田埂四周用水泥瓦围起防逃，水泥瓦下端埋入田埂约 20 厘米，拐角处出檐 20 厘米，进、排水口用铁丝网设置防逃栅。

2. 水稻栽插与管理 水稻品种用全生育期长（110 天以上）、耐肥强、茎秆坚硬、抗倒伏、抗病害、产量高、品质好的籼优-63 杂交稻。稻田施肥，稻田在 5 月中旬翻耕后施足基肥，每亩施经充分发酵后有机粪肥 600 千克，另增施饼肥 100 千克。

3. 龟种放养 放养前用生石灰消毒（按环沟面积用 150 克/米² 生石灰泼洒），隔 3 天泼洒漂白粉 10 克/米²1 次。10 天后放龟，放龟之前应试水，保证药性完全消失。龟入池前用食盐水浸浴消毒。

4. 饲养管理 日常投喂饵料以甲鱼配合饲料为主，另在田内搭养少量泥鳅，让其自行繁殖，并适当投喂野杂鱼，每天 9：00、18：00 各投喂 1 次，日投喂量为龟体重的 3%～5%。水深控制在 20 厘米左右，以后随着水温的升高和秧苗的生长，逐步提高水位至 40 厘米。环沟的水位保持在 80 厘米以上。进入摄食生长旺季，每隔 15 天用生石灰调节 1 次，使 pH 保持在 7～7.5，并且根据水色适当泼洒尿素或发酵后有机粪汁，保持水色呈油绿色。

日常管理，包括早晚巡田，检查防逃设施、进排水道，观察龟的摄食、生长情况，经常清除敌害和腐烂变质的残饵。给稻禾治病时，选用低毒农药，并采用灌深水，严禁施用呋喃丹等残留大的剧毒农药。

（二）鱼龟混养

鱼龟混养，可以充分利用池塘水面，龟的游动可起到增氧作用，龟排出的粪便可调节水质。

1. 池塘条件和放养 据刘伟光等 1999 年报道，鱼池面积 800 米²，水位 1.2～2 米，池堤以水泥板护坡，池底为泥土，搭建草鱼食台 2 个，木制龟食台 4 个，兼作龟的休息台。放养前用生石灰带水清塘，药效消失后投放龟、鱼；鱼放养前用 30 毫克/升的食盐水浸泡 5 分钟，龟放养前用利福平浸泡 30 分钟。放养体重 30 克的红耳彩龟 240 只，草鱼体长 3 厘米、10 000 尾，搭配少部分"肥水鱼"，这样既可保持水生生物合理的食物链，又可保持水质稳定和池塘生态平衡。

2. 鱼、龟的投喂 草鱼饲料以鱼种配合饲料为主，浮萍为辅；草鱼下池后的 30 天内投喂浮萍，30 天后投喂鱼种配合饲料。龟投喂幼鳖配合饲料，拌水后投放在水陆交界处，投喂量为龟体重的 4%。

3. 日常管理 日常管理主要以巡池和预防疾病为主；巡池工作需要观察

鱼、龟的活动情况、水位、水质和池塘设施情况。7～9月还应做好池塘遮阴和防暑降温工作。预防疾病是饲养龟鱼中重要的环节，坚持防重于治的原则；除了做好常规消毒外，不同季节应投喂适量中药，如7～9月发病高峰期，在龟、鱼饵料中拌入大蒜素、金银草或鱼腥草，连续投喂5～7天。

五、繁殖方法

孵化温度应以25～28℃为宜，湿度是"宁干勿湿"，以手抓为团，放之则散为宜，出壳时间在60～65天为宜，这样不仅孵化率高，而且孵出的稚龟体质较好。有关研究还显示，14号筛＞沙＞30号筛的沙子作为孵化介质的孵化率最高，故孵化用的介质以沙子通气保湿最适宜；沙的含水量在7％～10％时孵化率最高，含水量达15％～25％和1％～3％时，孵化率都很低。不同孵化温度对孵化期的影响，高温孵化时，胚胎发育快，孵化期短；反之，则胚胎发育慢，孵化期长。此外，高温孵化出的稚龟性别以雌龟为主，低温孵化出的稚龟以雄龟居多。

参考文献

陈春山，魏凯，刘康，等.2011.人工条件下不同饲料饲养金钱龟效果的研究［J］.四川动物，30（4）：586-589.

陈关平，向华云，杨待建.2001.乌龟烂尾病病原的鉴定［J］.湖北农业科学（1）：60-61.

郭旭升，冯云.2007.黄缘闭壳龟的拟生态人工养殖［J］.河南水产（3）：11-12.

黄彬，查广才，陈玉栋，等.1998.黄缘闭壳龟人工养殖技术初步研究［J］.信阳师范学院学报（自然科学版），11（1）：89-91.

黄斌，陈世锋，罗传新，等.2002.黄缘闭壳龟的生活习性与驯养［J］.信阳师范学院学报（自然科学版），15（3）：309-311.

黄凯.2008.石金钱龟小规模养殖技术［J］.现代农业科技（21）：255-256.

黄伟德.2008.金钱龟庭院养殖技术［J］.中国水产（4）：30-32.

黄勇.2009.我国龟类的养殖现状与发展前景［J］.渔业致富指南（4）：46-47.

李贵生.2005.温度对黄喉拟水龟稚龟生长的影响［J］.暨南大学学报（自然科学与医学版）（3）.

李贵生，方堃，唐大由.2002.安南龟的养殖技术［J］.水利渔业，22（3）：19.

刘平.2003.龟类养殖技术之一室内养殖金钱龟技术［J］.中国水产，327（2）：36-37.

陆海燕，胡春晖，程熙.2011.菱斑龟人工养殖技术［J］.海洋与渔业（9）：45-46.

覃国森，周维官.2006.不同养殖方式下黄喉拟水龟的增重及其经济效益的对比研究［J］.四川动物，25（2）：403-406.

王育锋，陈如江.2002.锦曲颈龟养殖技术［J］.内陆水产（10）：20.

魏成清.1999.黄喉拟水龟的人工饲养与繁育［J］.广东农业科学（5）：48-50.

魏成清，陈永乐，朱新平，等.2000.黄喉拟水龟稚龟的饲养及病害防治研究［J］.广东农业科学（6：）：49-50.

魏成清，赵伟华，朱新平.2010.不同饵料对黄喉拟水龟稚龟生长的影响［J］.集美大学学报（自然科学版）（4）：258-261.

赵春光.2010.我国龟鳖主要养殖品种及苗种生产情况分析［J］.中国水产（5）：20-23.

赵春光.2010.产业调整和提升是我国龟鳖产业健康发展的关键［J］.科学养鱼（6）：1-3.

赵春光.2011.黄喉拟水龟高效生态养殖技术研究［J］.科学养鱼（3）：33-34.

赵春光，黄利权，李立夫，等.2010.黄喉拟水龟工厂化控温养殖试验［J］.科学养鱼（6）：29-30.

赵忠添.2005.黄喉拟水龟"白眼病"治疗初报［J］.科学养鱼（6）：69-70.

周婷.2003.我国龟类养殖业现状［J］.大自然（4）：10-11.

周婷.2008.菱斑龟人工繁殖技术［J］.科学养鱼（1）：11.

周婷，陈如江，梁玉颜，等.2007.龟病图说［M］.北京：中国农业出版社.

周婷，黄成.2007.我国养龟业现状及特点［J］.经济动物学报，11（4）：238-242，245.

周婷，李艺，林海燕.2011.李艺金钱龟养殖技术图谱［M］.北京：中国农业出版社.

周婷，王伟.2009.中国龟鳖养殖原色图谱［M］.北京：中国农业出版社.

周婷，腾久光，王一军.2001.龟鳖养殖与疾病防治［M］.北京：中国农业出版社.

周维官，覃国森.2008.不同饵料养殖黄喉拟水龟效果的研究［J］.四川动物，27（2）：283-286.

图书在版编目（CIP）数据

龟类高效养殖模式攻略/周婷，王冬梅，翟飞飞编
著．—北京：中国农业出版社，2015.5（2017.3 重印）
（现代水产养殖新法丛书）
ISBN 978-7-109-20308-2

Ⅰ.①龟…　Ⅱ.①周…②王…③翟…　Ⅲ.①龟科－
淡水养殖　Ⅳ.①S966.5

中国版本图书馆 CIP 数据核字（2015）第 059152 号

中国农业出版社出版
（北京市朝阳区麦子店街 18 号楼）
（邮政编码 100125）
责任编辑　林珠英　黄向阳

北京中科印刷有限公司印刷　新华书店北京发行所发行
2015 年 5 月第 1 版　2017 年 3 月北京第 2 次印刷

开本：720mm×960mm 1/16　印张：7.5　插页：1
字数：130 千字
定价：20.00 元
（凡本版图书出现印刷、装订错误，请向出版社发行部调换）